設計技術シリーズ

実務で役立つ顕微ラマン分光法
測定の基本からスペクトル解析・イメージングを解説

［著］

分子科学研究所
中本 圭一

科学情報出版株式会社

まえがき

　顕微ラマン分光法は，振動分光法の中でも近年注目されている分析手法である．以前はラマン散乱光が非常に微弱で，検出に時間がかかっていたが，近年の装置の検出感度の飛躍的な向上により，短時間でスペクトルを取得できるようになった．ラマン分光法は可視光を使用するため，赤外分光法（Infrared Spectroscopy）に比べて高い分解能でイメージングを行うことができ，短時間でより高分解能のイメージングを行えるようになってきている．

　ラマンイメージングでは，大量のラマンスペクトルを処理する必要がある．現代では，コンピュータの処理速度の向上や解析技術の進化により，多変量解析から機械学習を活用した解析が一般化し，データ処理が容易になってきている．また，顕微ラマン分光法の分野では，高度な画像処理アルゴリズムやデータ解析手法が進化し，より精密なイメージングと定量解析が可能となった．このため，応用分野は生体医学，材料科学，環境分析など多岐にわたるようになっている．

　ラマン分光に関する書籍は，日本語で多く出版されており，理論的な解説を系統的にまとめた良書が多数存在する．本書では，理論的な解説は必要最小限にとどめ，実際にラマン分光法を使用してデータを取得する実務者に役立つことを目指して執筆した．装置の構成や内部については，知らなくても測定は可能であるが，データの信頼性や効率的なデータ取得のために必要な知識については丁寧に解説した．また，ラマン分光装置を管理する担当者向けに，装置の保守方法についても筆者の経験

に基づき言及した．

　得られたスペクトルの分析・処理方法について，具体的な手法を記述した．以前は，C言語を用いて解析を行う場合，アルゴリズムを一からプログラミングする必要があり，市販のデータ解析ソフトウェアパッケージは高額なものが多かった．そのため，近年急速に利用が拡大しているPythonを用いた解析方法についても，簡単な解析手法に限定してではあるが，紹介を行った．顕微ラマン分光法で得られるラマンイメージの解析方法として，機械学習を用いた方法についても言及した．

　さらに，本書ではラマン分光法の具体的な応用例についても取り上げている．例えば，生体組織における異常細胞の検出や材料の非破壊検査など，実際の応用事例を交えて，読者がその有用性を理解しやすいよう工夫した．ラマンスペクトルのピークを理論的に解釈するには大変な知識と労力を要するが，本書の読者がまずはラマン分光に触れ，徐々にスペクトル解析ができるようになることを願っている．

　本書を執筆するにあたり，オックスフォードインスツルメンツ株式会社，株式会社NanoAndMoreジャパン，日本電子株式会社より写真およびデータのご提供を賜った．ここに厚く御礼申し上げる．

目次

まえがき

1 ラマン分光法の基礎

1-1. はじめに ··· 3
1-2. ラマン分光法とは ··· 8
1-3. 赤外分光とラマン分光 ···································· 17
1-4. 顕微ラマン分光法 ··· 21

2 顕微ラマン分光装置

2-1. 顕微鏡部 ··· 28
2-2. 励起レーザー光源 ··· 31
2-3. 対物レンズ ·· 34
2-4. 共焦点構造 ·· 38
2-5. ラマンフィルター ··· 40
　2-5-1. 長波長透過フィルター ···························· 40
　2-5-2. ノッチフィルター ································· 41
2-6. 分光器 ·· 44
　2-6-1. 分光器の構造 ······································· 44
　2-6-2. グレーティング ···································· 47
　2-6-3. CCD検出器 ·· 50
2-7. 試料ステージ ··· 58
2-8. 顕微ラマン分光装置の保守 ····························· 60
　2-8-1. 波数のキャリブレーション ····················· 60
　2-8-2. 励起レーザー ······································· 61
　2-8-3. 対物レンズ ·· 61

2－8－4．光学部品 ･････････････････････････････････ 62
2－8－5．CCD 検出器 ･･････････････････････････････ 63
2－8－6．制御コンピュータ ･･････････････････････････ 64

3　ラマン分光測定

3－1．試料準備 ･･････････････････････････････････････ 67
　3－1－1．固体・粉体試料 ･･･････････････････････････ 67
　3－1－2．液体・ジェル状試料 ･･･････････････････････ 74
3－2．ラマンスペクトルの取得 ････････････････････････ 77
　3－2－1．測定パラメータの設定 ･････････････････････ 77
　3－2－2．蛍光対策 ･････････････････････････････････ 78
　3－2－3．焼損対策 ･････････････････････････････････ 80
　3－2－4．信号強度・S/N の改善 ･････････････････････ 82
3－3．2次元ラマンイメージング ･･････････････････････ 86
　3－3－1．2次元ラマンイメージング法 ･･･････････････ 86
　3－3－2．ラマンイメージ解析法 ･････････････････････ 88
　3－3－3．2次元ラマンイメージの分解能 ･････････････ 92
　3－3－4．凹凸が大きい，傾いた試料の測定 ･･･････････ 96
3－4．深さ方向のイメージング ････････････････････････ 101
　3－4－1．深さ方向ラマンイメージング法 ･････････････ 101
　3－4－2．深さ方向ラマンイメージの分解能 ･･･････････ 102
3－5．3次元ラマンイメージング ･･････････････････････ 104
　3－5－1．3次元ラマンイメージング法 ･･･････････････ 104
　3－5－2．3次元ラマンイメージ作成方法 ･････････････ 105

4 ラマンデータ解析法

- 4-1. 解析前処理 ······119
  - 4-1-1. 宇宙線除去 ······121
  - 4-1-2. バックグラウンド除去 ······122
  - 4-1-3. フィルター処理 ······124
  - 4-1-4. デミキシング処理（de-mixing）······126
- 4-2. ケモメトリックス ······137
  - 4-2-1. 積算表示 ······137
  - 4-2-2. ピークフィッティング ······139
  - 4-2-3. クラスタリング ······145
  - 4-2-4. クラス分類 ······147

5 顕微ラマン分光法のアプリケーション

- 5-1. 無機物質の観察 ······155
  - 5-1-1. 二次元材料, カーボン系試料 ······155
  - 5-1-2. Ⅲ族窒化物試料 ······158
  - 5-1-3. 半導体試料 ······162
  - 5-1-4. 電池材料 ······164
  - 5-1-5. 鉱物試料 ······167
- 5-2. 有機物質の観察 ······171
  - 5-2-1. 高分子試料 ······171
  - 5-2-2. ライフサイエンス ······176
  - 5-2-3. 医薬品 ······180
  - 5-2-4. 食品 ······183
  - 5-2-5. 紙・木材 ······186
- 5-3. 偏光測定 ······190
- 5-4. 温度, 応力可変測定 ······193

6　顕微ラマン分光装置と他顕微鏡との融合

- 6-1．原子間力顕微鏡 AFM との融合 ・・・・・・・・・・・・・・・・・・・・・・・・・・・・201
  - 6-1-1．原子間力顕微鏡 AFM の原理 ・・・・・・・・・・・・・・・・・・・・202
  - 6-1-2．顕微ラマン装置と AFM の組み合わせ・・・・・・・・・・・・・・・207
  - 6-1-3．観察例 ・・208
  - 6-1-4．探針増強ラマン　・・・・・・・・・・・・・・・・・・・・・・・・・・・・・・・211
- 6-2．走査電子顕微鏡 SEM との融合 ・・・・・・・・・・・・・・・・・・・・・・・・・・214
  - 6-2-1．走査電子顕微鏡 SEM の原理 ・・・・・・・・・・・・・・・・・・・・・214
  - 6-2-2．顕微ラマン装置と SEM の組み合わせ・・・・・・・・・・・・・・・216
  - 6-2-3．観察例 ・・218

索引 ・・・222

著者紹介 ・・・228

1

ラマン分光法の基礎

本章では，試料を分析する手法について概観し，それらの分析法の概要について説明を行う．振動分光法におけるラマン分光法の役割について述べる．

　併せて，ラマン分光法と共によく使用される赤外分光法との違いについても説明を行う．その後，顕微ラマン分光法の概要を述べる．

1-1. はじめに

　我々が必要とする試料分析とは，試料の形態，元素，構造，組成などを調べることである．重要なのは，何について知りたいのかを明確にすることである．たとえば，試料の微細な形状を知りたい場合，まず肉眼で観察し，次に光学顕微鏡や電子顕微鏡を用いて詳細に調べることが考えられる．大理石に含まれる化石の大きさを知りたい場合，いきなり電子顕微鏡で観察しても対象が大きすぎて良い結果を得ることはできない．このように，知りたい内容を明確にし，それに適した分析手法を選択することが重要である．

　そして，試料を分析する手法には多くの種類があり，それらは試料を探査するために使用するプローブの種類や検出対象によって分類される．表1.1に分析手法の分類を示す．主に使用されるプローブとしては，電子線，イオンビーム，探針，電磁波等がある．

　電子線をプローブとして利用する代表的な装置には，透過電子顕微鏡法（Transmission Electron Microscopy: TEM）[1]，走査電子顕微鏡法（Scanning Electron Microscopy: SEM）[2]，電子線プローブ・マイクロアナライザー（Electron Probe Micro Analyzer: EPMA）[3]，オージェ電子分

1. ラマン分光法の基礎

〔表1.1〕分析手法一覧

使用するプローブ		検出するもの	分析手法	得られる情報
電子線		電子	透過電子顕微鏡法 TEM 走査電子顕微鏡法 SEM	形態
イオンビーム		二次イオン質量	二次イオン質量分析法 SIMS	元素
探針		原子間力	原子間力顕微鏡法 AFM	形態
電磁波	赤外線	散乱光	FT-IR、赤外分光法	状態
	可視光	散乱光	ラマン分光法	
	紫外光	散乱光 光電子	紫外分光法 UPS	
	X線	光電子	XPS	

光法（Auger Electron Spectrometry: AES）[4]などがある．

電子線を試料に照射すると，透過電子，反射電子，二次電子，オージェ電子，特性X線が試料から得られ，これらを検出することで試料の形状や構成・含有元素の特定や組織化の分析が可能になる．特に走査電子顕微鏡法は，二次電子を検出して試料の形態観察を簡便にかつ高分解能で行うことができるため，広く利用されている．

イオンビームをプローブとして利用する分析手法としては，二次イオン質量分析法（Secondary Ion Mass Spectroscopy: SIMS）[5]がある．この分析法では，集束したイオンビーム（一次イオン）を試料に照射し，一次イオンによって試料からはじき出された二次イオンの質量を分析することで，試料中の微量元素（ppb〜ppmレベル）を検出することができる．

曲率が数nm以下の先端を持つ探針をプローブとして利用する原子間力顕微鏡法（Atomic Force Microscopy: AFM）[6][7][8]では，探針と試料間に作用する力を検出し，その力が一定となるように試料表面を走査することで，試料表面の形状を原子レベルで観察することができる．また，試

料の弾性，粘性，導電性，表面電位等の物理特性を画像化することができる．

プローブとして使用される電磁波は，図1.1に示すように，電界と磁界が直交して伝搬する波であり，波長〜1mm程度までの電波から波長0.01nm以下のγ線まで含まれる．

電磁波の中でも特に波長10〜400nmの紫外線や波長0.01〜10nmのX線を用いた場合，試料原子から放出される光電子のエネルギーを測定する紫外光電子分光法（Ultraviolet Photoelectron Spectroscopy: UPS）やX線光電子分光法（X-ray Photoelectron Spectroscopy: XPS）[9]と呼ばれる分析手法となる．UPSやXPSでは，試料の元素分析，元素の化学状態を知ることができる．表面科学や材料科学において広く利用されており，表面に吸着している物質や，酸化，腐食，被膜などの表面現象を詳細に解析するために用いられる分析手法である．

可視光より長波長の光をプローブとして用いる赤外分光法では，

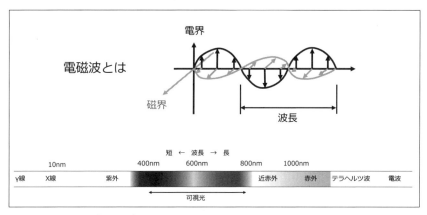

〔図1.1〕電磁波と波長による分析手法の分類

700nm〜30μm（700nm〜2.5μm を近赤外，2.5μm〜25μm を中赤外，25μm 以上を遠赤外と呼ぶ）の赤外光をプローブとして使用し，試料より散乱（もしくは透過）した光を検出する．

また近年技術開発が進み，波長 30μm〜1mm までをプローブとして使用する，テラヘルツ分光法が注目されている．

本書で述べるラマン分光法では，近赤外波長 1000nm から近紫外波長 300nm までの電磁波がプローブとして利用可能であるが，特に 800nm〜400nm の可視光領域の光が主にプローブとして使用される．

ラマン散乱は 1920 年代の初めに理論的に予測されており，1928 年にインドの C. V. Raman らによって「A New Type of Secondary Radiation」というタイトルの論文が Nature 誌に発表され，実験的に初めて証明された[10][11]．この業績により，Raman 氏は 1930 年にインド初のノーベル物理学賞を受賞している．現在使用されている「ラマン」という言葉は，この C. V. Raman 氏の名前に由来している．

ラマン散乱光は非常に微弱であり，その検出には検出器からの出力信号を長時間にわたり積算して，ようやく捉えることが可能であった．しかし，近年の技術革新により，高感度で高 S/N の検出器等が開発され，非常に短時間でラマンスペクトルを取得することができるようになった．

ラマン分光法は，赤外分光法と比べて紫外領域から近赤外領域の短い波長の励起光を使用するため，光学顕微鏡と組み合わせることで高い空間分解能を得ることができる．励起光を二次元，時には三次元に走査し，得られたラマンスペクトルを処理して，二次元や三次元のラマンイメー

ジが得られようになってきている．

　市販されているラマン分光装置には，原料のスクリーニングなどに使用されるハンディタイプのラマン分光装置から，ハイグレードの光学顕微鏡と組み合わされた顕微ラマン分光装置までがある．本書では，顕微ラマン分光装置を中心に，実務者向けにラマン分光法の基礎からアプリケーションまでを解説していく．

1-2. ラマン分光法とは

試料に一定のエネルギー $E_0 = h\nu$（h はプランク定数，ν は励起光の振動数）を持ったレーザー光（励起光：波長 λ_0）を照射すると，試料から散乱される光には，励起光と同じエネルギー E_0，すなわち同じ波長 λ_0 の光が散乱されるレイリー散乱（Rayleigh scattering）がある．

他に，試料に骨格振動や分子振動を与えた結果，そのエネルギー分だけ低エネルギー $E_0 - \Delta E$, すなわち長波長 $\lambda_0 + \Delta\lambda$ の光が散乱されるストー

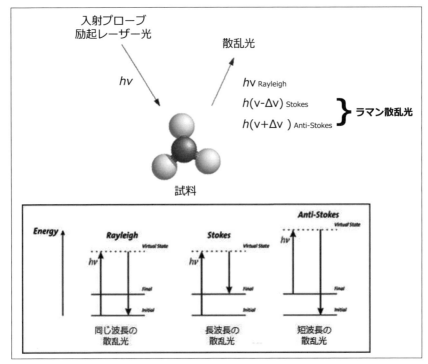

〔図 1.2〕励起光を試料に照射した時の散乱光

クス散乱（Stokes scattering）がある．

また，すでに骨格振動や分子振動をしている分子からその振動エネルギーを得て，高エネルギー $E_0+\Delta E$，すなわち短波長 $\lambda_0-\Delta\lambda$ の光が散乱されるアンチストークス散乱（Anti-stokes scattering）もある．

ストークス散乱はレイリー散乱に比べて非常に弱い散乱光であり，その強度はレイリー散乱に比べて 10^{-5} 以下である．さらに，アンチストークス散乱はストークス散乱に比べて 10^{-1} 以下の強度となる．

実際のラマン分光装置では，後述 2-5「ラマンフィルター」により，ストークス散乱側のみを検出するものが多い．

散乱光は，後述される分光器で波長により分光され，各波長の強度が検出器により測定される．これらの散乱光の波長の逆数を横軸（正確には式 1.2.1 を参照）に，散乱光の強度を縦軸にしてプロットすると，図 1.3

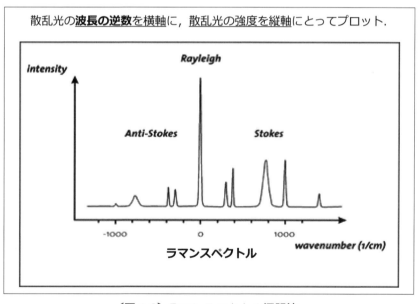

〔図 1.3〕ラマンスペクトル標記法

1. ラマン分光法の基礎

に示されるようなラマンスペクトルと呼ばれるものが得られる．このラマンスペクトルを解析することにより，試料の構造や特性がわかる．

ラマンスペクトルの横軸は，散乱波長 λ と励起レーザー波長 λ_0 を用いて

$$\frac{1}{\lambda_0} - \frac{1}{\lambda} \quad \cdots\cdots\cdots\cdots\cdots\cdots\cdots\cdots\cdots\cdots\cdots\cdots\cdots (1.2.1)$$

で表し，単位は cm^{-1} で表す（rel. cm^{-1} と記載することもある）．この表記方法は波数表示と呼ばれ，波数もしくは Wave number と呼ぶ．日本国内で「カイザー」という呼称が使われることがあるが，これは日本固有の呼び方で国際的には通用しないので注意が必要である．

このような波数を用いた表示が行われる理由は，例えば Si 試料を 532nm と 785nm の励起レーザーで測定した場合，図 1.4 に示すように，532nm では Si の 1 次のピークが 547nm 付近に，785nm では 819nm 付近に現れる．このように，励起レーザーの波長によってラマンピークの

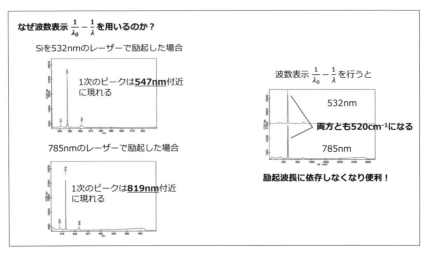

〔図 1.4〕波数表示を用いる理由

現れる波長が異なるためである．そこで，式 (1.2.1) に示すように波数表示にすると，両方とも 520cm^{-1} となり，励起波長に依存しなくなるため非常に便利である．単位が m ではなく cm を用いるのは，波数表示を行った際にラマンスペクトルで現れる領域が指数表示にならずに表記できるためである．

　ラマンスペクトルの表記方法は，図 1.5 に示すように 2 通りの表記方法が用いられている．

　1 つの表記方法として，IUPAC（国際純正・応用化学連合）が推奨している標記方法があり，これによると波数は右から左に向かって増えるように表記される．この表記方法は，赤外吸収スペクトルで用いられ，赤外吸収スペクトルとの対応がつけやすいために採用されている．しかしながら，この表記方法に慣れていない場合は奇異に感じることがあるだろう．近年では，波数を左から右に向かって増えるように記載することが一般的になってきている．多くのラマン分光装置では，両方の表記方法が可能である．本書では，統一して波数を左から右に向かって増える

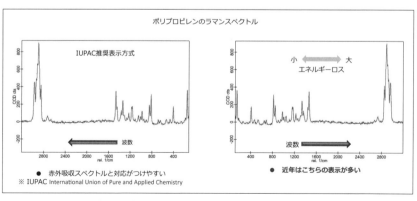

〔図 1.5〕2 つのラマンスペクトル標記方法

ような表記で記載している．

次にラマンスペクトルの基本的な解析について説明を行う．典型的な例としてポリプロピレン（Polypropylene，略称：PP）のラマンスペクトルを図1.6に示す．横軸に波数，縦軸にラマンピークの強度を表す検出器のCCDのカウント数をプロットしてある．

ラマンスペクトルで，$100cm^{-1}$付近から$1800cm^{-1}$付近までの領域は，骨格振動領域（skeletal vibration region）あるいは指紋領域（fingerprint region）と呼ばれており，試料の骨格振動によるラマンピークが観測される．この領域のピークをデータベースに照合するなどして解析することで物質を同定することができる．

おおよそ$1800cm^{-1}$から$2600cm^{-1}$までの領域は無音領域（silent region）と呼ばれ，多くの物質ではこの領域にラマンピークは現れない．

$2600cm^{-1}$から$3300cm^{-1}$までの領域はC-H振動伸縮領域（C-H stretching

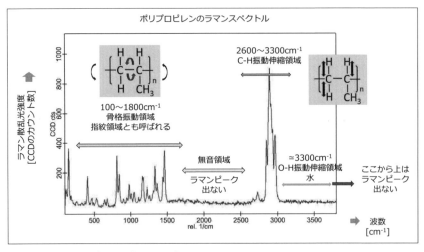

〔図1.6〕ポリプロピレンのラマンスペクトル

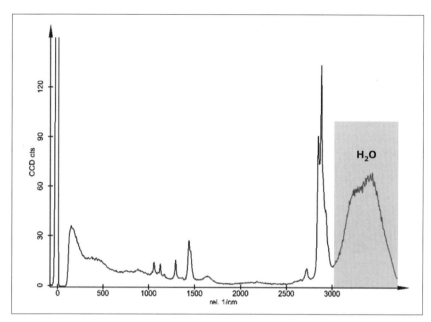

〔図1.7〕水を含んだ油脂試料のラマンスペクトル

vibration region）と呼ばれ，この領域にピークが現れる場合，試料にC-H結合が存在すると示唆される．

3300cm^{-1}付近にブロードなピークが現れることがあり，これはO-H振動伸縮によるものである．図1.7に示されているように，試料に水（H_2O）が含まれている場合にはこのようなピークが観測される．

3800cm^{-1}より大きな領域には，一般的にはラマンピークは現れない．

次にラマンスペクトルの解析方法について基本的な解析方法を示す．
①**構造情報**

ラマンピーク（特に骨格振動領域）の位置によって試料の構造情報を知ることができる．図1.8に示されているように，ダイヤモンド試料で

❖ 1. ラマン分光法の基礎

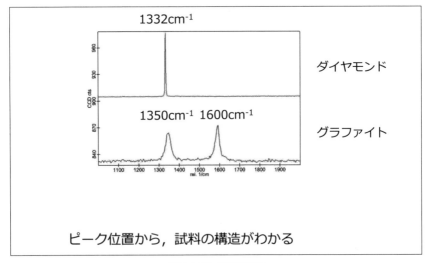

〔図1.8〕構造情報

は $1332cm^{-1}$ に鋭いピークが現れ，グラファイト試料では $1600cm^{-1}$ 付近にGバンドによるピークが，$1350cm^{-1}$ 付近にDバンドによるややブロードなピークが現れる．

このように試料によってラマンピークの位置が異なるため，試料の同定を行うことが可能である．装置に付随しているデータベースや市販のデータベースを用いて，ラマンスペクトルから試料の特定を行うことができる．

② 濃度

励起レーザー光にはスポットサイズが存在し，このサイズの中にある試料の濃度（分子数）が濃いと試料固有のラマンピークが高くなり（積算強度が強く），濃度が低いとラマンピークが低くなる．

ラマンピークの強度は相対的なものであるため，試料の定量評価に用いる場合には注意が必要である．

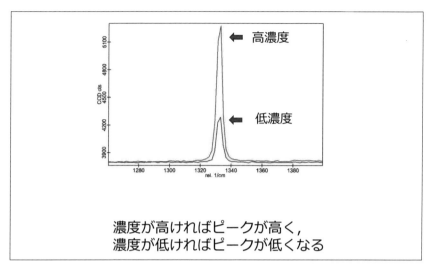

〔図1.9〕濃度

③結晶化度

試料の結晶化度が良ければ，ピークはシャープになるが，結晶化度が悪いとピークはブロードになる．結晶化度の評価は，ピークの半値幅（Full Width at Half Maximum：FWHM）を用い，4-2-2「ピークフィッティング」を行って，FWMHの値で評価することが多い．

④応力

結晶試料に圧縮応力が加わると，ピークは高波数側へシフトし，引張応力が加わると低波数側へシフトする．シフト量は波数で評価され，そのシフト量によって，物質ごとの応力係数がわかっていれば，定量的な力に換算することができる（3-3-2「ラマンイメージ解析法」を参照）．この方法は試料の内部応力の評価などに用いられる．

1. ラマン分光法の基礎

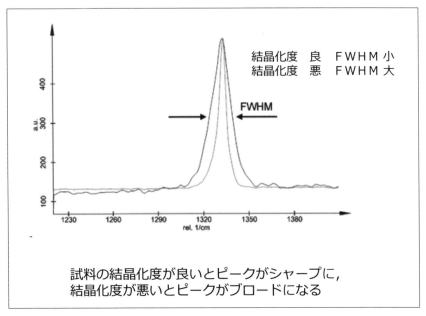

〔図 1.10〕結晶化度

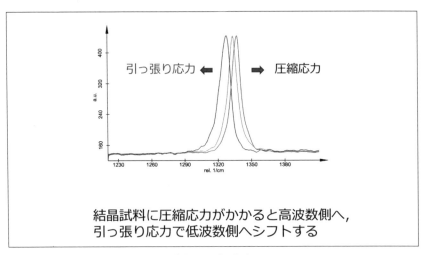

〔図 1.11〕応力

1－3．赤外分光とラマン分光

　赤外分光とラマン分光は，どちらも同じ振動スペクトルを測定する手法であるが，選択律（Selection rule）が異なり，観察されるピークも異なる[12][13]．選択律とは，分子や原子の遷移（あるエネルギー準位から別のエネルギー準位へ移動する現象）が許容されるかどうかを決定する法則である．エネルギー準位間の遷移や振動・回転運動の変化に関して，特定の遷移が観測されるかどうかは，この法則に従うため，赤外分光とラマン分光では，次のような異なる選択律に従う．

・赤外分光の選択律
　赤外活性（Infrared Active）なモードは，励起光による振動の励起によって分子の双極子モーメント（電荷の偏り）に変化が生じる．すなわち，分子内の双極子モーメントの変化が赤外線の吸収に寄与しピークが現れる．非対称な振動が赤外活性となりやすい．

・ラマン分光の選択律
　ラマン活性なモードは，励起光による振動の励起によって分子の分極率（Polarizability）が変化する．ラマン分光では，対称性の高い振動が活性になりやすい．

　ある振動モードが赤外活性であれば，ラマン活性ではないという性質を交互禁制律（Mutual Exclusion Principle）と呼ぶ．この法則は，分子が対称中心を持つ場合に適用される．例えば，特定の振動モードが赤外分

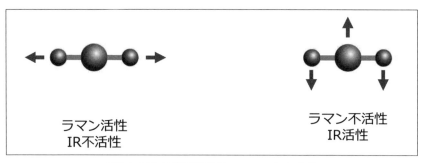

〔図 1.12〕電気双極子モーメントの変化

光で観測される一方，ラマン分光では観測されないことがある．

また，振動しているにも関わらず，赤外分光とラマン分光のどちらにもピークが観察されない物質もある．（金属結晶等）物質の構造を同定する上では，赤外分光とラマン分光の両方を測定することで，分子が対称中心を持つ構造かどうかを判定できる手がかりとなることがある．

図 1.13 にポリプロピレンの赤外 ATR（Attenuated Total Reflection：全反射測定法）で測定したスペクトルを示す．図 1.6 で示したラマン分光測定のスペクトルと比べると C-H 振動伸縮領域の波数はほぼ一致しているが，骨格振動領域ではスペクトルの現れ方が異なっていることがわかる．

赤外線を励起光とする分光法は，分散型 IR（分散型赤外分光光度計）とフーリエ変換赤外分光法（FT-IR: Fourier Transform Infrared Spectroscopy）があり，近年は分散型 IR に比べて高分解能で高感度の FT-IR が良く用いられている[14]．

FT-IR は，図 1.14 に示すマイケルソン干渉計を使用し，すべての波長の赤外線を同時に試料に照射し，すべての波長の赤外線を同時に測定する．一度に広範囲の波長データを得ることができるマイケルソン干渉計

は,各波長の強度が干渉し合った干渉パターン(インターフェログラム)から,コンピュータでフーリエ変換して波長ごとの吸収スペクトルを得ている.

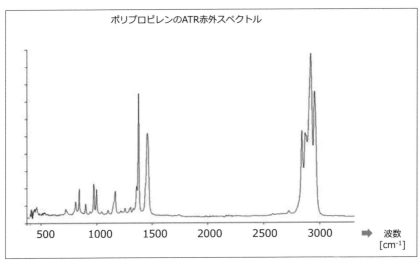

〔図1.13〕ポリプロピレンの赤外分光スペクトル

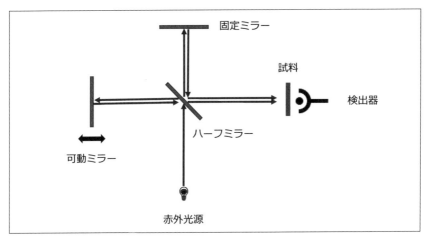

〔図1.14〕FT-IR 装置構成

マイケルソン干渉計を用いた FT-IR は，分散型 IR に比べて次の点が優れている．
- 全波長を同時に測定するため，短時間でスペクトルデータを取得することができる．
- 高感度での測定が可能でノイズが少なく，精度の高いデータが得られる．また，干渉計の特性により，微弱な信号も正確に取得できる．
- 幅広い波長範囲にわたって高分解能のデータが得られる．

赤外分光は古くから行われており，物質のデータベースも充実している．また赤外光をプローブとすると 3-2-2「蛍光対策」で述べる蛍光が起こりにくく測定しやすい．このため試料の同定を行う場合に非常に強力な手法となる．一方，空間分解能としては $10\mu m$ 程度であり，近年のように試料の構造が微細化してくると分解能が不十分となる．

赤外分光法と比べて，顕微ラマン分光法を用いると可視光の回折限界までの非常に高い空間分解能（サブミクロン程度）を得ることができるため，ラマンイメージングが活発に行われている．また，ラマン分光法では，透明な物質（例えばカバーガラス等）を通してその下にある試料の測定が可能である．

1－4. 顕微ラマン分光法

　ラマン分光法は，試料の構造を特定できる手法であり，ある一定の波長（エネルギー値）のレーザー光を試料に照射して，試料から散乱されるラマン散乱光を検出する手法である．試料の同定や原料の品質管理にも用いられることがあり，この場合，ラマンスペクトルの解析は特定のラマンピークのみに注目して行われることが多い．

　近年，ナノテクノロジーの研究の進展に伴い，光学顕微鏡に組み込まれた顕微ラマン分光法が注目されている．顕微ラマン分光装置は，励起レーザー光を対物レンズで絞って試料に照射する．試料からの散乱光は再び対物レンズで集光し，分光してラマンスペクトルを得る．可視光の励起レーザー光を絞って試料に照射するため，赤外分光法より空間分解能が高く，試料の微細な部分の情報を得られる．

　近年の顕微ラマン分光装置では，検出感度やスループットの向上により，飛躍的に短時間でラマンスペクトルを取得できるようになった．また，2-4「共焦点構造」で述べる構造を採用しS/Nを向上させた装置もある．これにより，試料ステージまたは励起レーザー光を二次元または三次元に走査し，各測定点からのラマンスペクトルを解析して二次元ラマンイメージや，立体的な三次元ラマンイメージを得ることが短時間で可能となってきている．この顕微ラマン分光法により，試料の構造を二次元および三次元で把握して，より詳細な試料評価を行うことができるようになった．

❖ 1. ラマン分光法の基礎

　また，技術革新により，装置の小型化と安定性が向上している．特にレーザーがガスレーザーから固体レーザーに変わったことで，装置の大きさや装置から発生する騒音・熱が大幅に改善された．これにより，設置環境も簡便になり，特別な空調が不要となったほか，小型化した装置では除振機能や光学定盤を必要としないものも登場している．

　本書ではこの顕微ラマン分光法について，実際に装置を使用する人の目線に立って装置構成，測定方法，データ解析およびアプリケーションについて解説を行っていく．

　また，ラマン分光装置と，走査電子顕微鏡 SEM，原子間力顕微鏡 AFM の分析手法とを融合した装置構成の例とアプリケーションについても解説を行う．

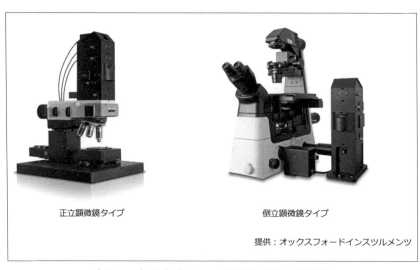

正立顕微鏡タイプ　　　　　　倒立顕微鏡タイプ

提供：オックスフォードインスツルメンツ

〔図 1.15〕共焦点ラマン顕微鏡装置の外観例

参考文献

[1] 日本表面科学会，表面分析技術選書3 透過電子顕微鏡，丸善 (1999)

[2] 日本表面科学会，表面分析技術選書8 ナノテクノロジーのための走査電子顕微鏡，丸善 (2004)

[3] 日本表面科学会，表面分析技術選書1 電子プローブ・マイクロアナライザー，丸善 (1998)

[4] 日本表面科学会，表面分析技術選書6 オージェ電子分光法，丸善 (2001)

[5] 日本表面科学会，表面分析技術選書4 二次イオン質量分析法，丸善 (1999)

[6] 日本表面科学会，表面分析技術選書7 ナノテクノロジーのための走査プローブ顕微鏡，丸善 (2002)

[7] 淺川雅，岡嶋孝治，大西洋，分析化学実技シリーズ機器分析編・15 走査型プローブ顕微鏡，共立出版 (2017)

[8] 森田清三，原子・分子のナノ力学，丸善 (2003)

[9] 日本表面科学会,表面分析技術選書2 X線光電子分光法,丸善 (1998)

[10] C. V. Raman and K. S. Krishnan, *Nature*, 121, 501 (1928)
このNatureの原著を入手するのは難しい．内容を参照するのであれば，参照文献 [11] を参照すると良い．

[11] 濱口宏夫，岩田耕一，ラマン分光法，講談社 (2015)

[12] 長谷川健，尾崎幸洋，分析化学実技シリーズ機器分析編・2 赤外・ラマン分光分析，共立出版 (2020)

[13] 日本分光学会，赤外・ラマン分光法，講談社 (2009)

[14] 田隅三生，FT-IRの基礎と実際第2版，東京科学同人 (1994)

2

顕微ラマン分光装置

本章では，顕微ラマン分光装置を使用する人が知っておくべき装置の構成について述べる．装置の構造を理解していれば，装置の性能を最大限に引き出すことができ，操作ミスによる装置の破損も防ぐことができる．

　また，通常の使用において必要となる装置の保守方法についても述べる．正しい保守を行うことで装置の寿命を延ばし，不具合による装置稼働率の低下を防ぐことができる．

　顕微ラマン分光装置は，大きく分けると励起光源部，顕微鏡部，分光器部，制御部で構成されている．励起光源部，顕微鏡部と分光器部の光学経路図を図2.1に示す．

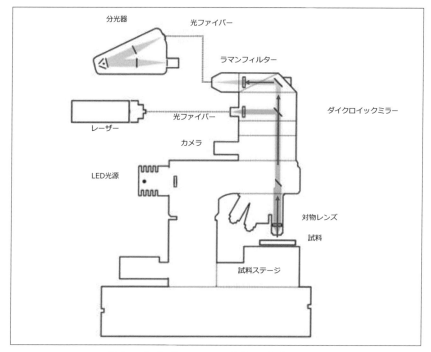

〔図2.1〕顕微ラマン分光装置光学経路図

2-1. 顕微鏡部

顕微ラマン分光装置において,試料の観察位置を正確に特定するためには,分解能の高い光学顕微鏡が必要となる.ほとんどの装置では,対物レンズから集光レンズまでの光路が平行になるような光学系(並行光学系)が採用されており,途中にフィルター,ビームスプリッターなどを追加することが可能である.

試料の照明法としては,照明ムラが少なく鮮明な画像が得られるケーラー照明(Köhler Illumination)が多くの顕微鏡で採用されている.ケーラー照明で視野絞りを絞ると顕微鏡像に絞りが見えるようになり,この絞りがはっきりと見えるように焦点を合わせると,試料表面に焦点を合わせることができる.光学顕微鏡の試料照明用光源としては,特殊な用途を除き,光源からの発熱が少ないLED光源が使用されるようになっている.

図2.2に清浄なガラス表面に焦点を合わせる場合の例を示す.透明な

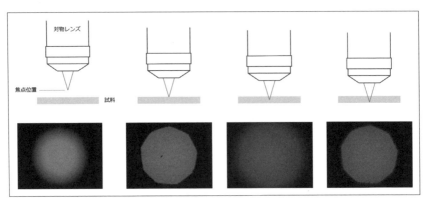

〔図2.2〕透明試料に対する視野絞りの役割

試料の場合，試料の顕微鏡像で試料表面に焦点を合わせるのは難しくなる．視野絞りを絞り膜がはっきりと見えるように焦点を合わせると，試料表面に焦点が合っていることになり，容易に焦点を合わせることができる．

透明な試料にカバーガラスをかぶせて観察する場合は，遠方から対物レンズを近づけていくと，最初にカバーガラスの表（上側）に焦点が合うが，さらに近づけていくとカバーガラスの裏（下側）に焦点が合う．この下側に焦点が合った位置が試料の表面の位置となる．

焦点合わせを行った後は，光学顕微鏡像観察のために視野絞りを開けるが，完全に開け切るのではなく，視野に絞り膜が見えなくなるところまで開けると，回り込みの光が入ってこずに照明ムラの少ない光学顕微鏡像が得られる．

・暗視野観察

光学顕微鏡照明の中央部分を遮り，側方から試料を照射する照明方法でケラー照明を用いた光学顕微鏡の場合，アタッチメントとして明視野観察と暗視野観察を簡単に切り替えられる．

暗視野観察では，側方から照明光が試料に当たるためわずかな凹凸でも観察できるようになり，透明な試料，生体試料，平坦な材料試料で観察場所の特定が容易に行えるようになる．

・偏光観察

多くは透過照明を用いて，照明光に偏光子を用いて偏光性を持たせ，試料を透過してきた光を検光子（アナライザー）で特定の偏光のみを検出する方法がとられている．偏光子を回転させて異なる角度からの観察

◆ 2. 顕微ラマン分光装置

が可能になる．

　偏光観察では，鉱石の結晶構造，生体の筋繊維やセルロースなどの組織，高分子やガラス材料等の結晶構造や結晶方向を観察でき，ラマン測定の観察場所の特定が容易になる．

　光学顕微鏡は，ラマン分光装置では高出力レーザー光を励起光として使用するので，安全のため接眼レンズを用いて肉眼で観察するのではなく，CCDカメラを用いてコンピュータディスプレー上に表示させる装置がほとんどである．顕微鏡像をCCDカメラに投影するためにビームスプリッターやミラーが用いられるが，ミラーの場合はラマン測定中には光路から外して測定を行う．

　光学顕微鏡像は，ラマンスペクトルやラマンイメージを測定した場所を示すのに重要な画像となるので，必ず保存した方が良い．装置によっては，測定場所を光学顕微鏡像に表示ができ，測定場所を表示した光学顕微鏡像を出力することができる装置もある．

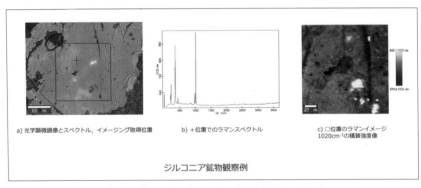

a) 光学顕微鏡像とスペクトル，イメージング取得位置　　b) +位置でのラマンスペクトル　　c) □位置のラマンイメージ 1020cm⁻¹の積算強度像

ジルコニア鉱物観察例

〔図2.3〕光学顕微鏡像と測定場所の表示

２-２．励起レーザー光源

　ラマン分光装置に用いるレーザー光源には，紫外領域から赤外領域に至るまで，さまざまな種類のレーザーが使用される．現在広く用いられているレーザーの波長と，それぞれのラマン分光における用途を表2.1に示す．

　現在に至るまで，アルゴンやHe-Neなどのガスレーザーが射出レーザー光の波長の正確さから多く使用されていたが，レーザー寿命，入手の容易さ，レーザー筐体の大きさなどの問題により，現在ではほとんどの波長で固体レーザーが使用されている．固体レーザーの波長には，その原理から個体差があり，サブナノメートル単位で発振波長が異なる．このため，式（1.2.1）で示した波数計算を行うために，正確な励起波長をシステムに入力する必要がある．励起波長を測定するためには，2-6「分光器」で説明する分光器の校正を行った後に，ラマンフィルターを通した励起光を測定する．分光器の校正の時に自動的に行ってくれる装

〔表2.1〕励起レーザー波長と用途，ラマン強度

波長	適用	ラマン強度 I_R	CCD感度	グレーティング効率	総合強度
355nm	半導体	5	30%(UV)	70%(UV)	<<1
442nm	半導体，高分解能	2.1	85%	80%(500)	1.5
488/514nm	多用途	1.4	90%	80%(500)	1.3
532nm	多用途	1	90%	75%(500)	1
633nm	蛍光防止	0.5	85%(DD)	65%(750)	0.33
785nm	蛍光防止	0.2	55%(DD)	55%(750)	0.1

2. 顕微ラマン分光装置

置もある．

　励起レーザー光の波長 λ，強度 I_L とラマン散乱光の強度 I_R には次のような関係がある．

$$I_R = \alpha^2 \times \left(\frac{1}{\lambda}\right)^4 \times I_L \quad \cdots\cdots\cdots\cdots\cdots\cdots\cdots\cdots\cdots\cdots\cdots\cdots\cdots (2.1.1)$$

　ここで α は，ラマンテンソル（Raman Tensor）と呼ばれるもので，試料の分子構造によって決まる係数である．レーザー強度 I_L が強くなると，直線的にラマン散乱強度は増加し，波長 λ が短くなる（紫外域）と指数関数的にラマン散乱強度は強くなる．

　しかし，後述するグレーティングの効率や CCD カメラの感度などの影響により，波長 532nm の励起レーザーを用いた場合の検出強度を 1 とすると，他の波長の検出強度は表 2.1 の総合強度に示すように，理論値とは異なることがある．よく使われる励起波長では，785nm のレーザーを用いた場合は，同じ強度の 532nm レーザーを用いた測定の 1/10 程度の強度になる．

　ラマン分光に使用されるレーザーは，励起光の波長のバンド幅が狭く，ガウシアンビームの TEM00 モードで偏光が保持されているレーザーが用いられる．現在，最も標準的に使用されているレーザーは 532nm である．このレーザーは Nd-YAG 結晶を使用し，基本波は 1064nm であるが，その第 2 高調波を用いて 532nm を生成している．532nm のレーザーは，出力，安定性，価格の点で優れており，ラマン分光の標準波長として広く使用されている．

　アプリケーションによっては，レーザー光路に 1/2λ 波長板を挿入し

て偏光方向を制御して観察を行うこともできる．また，1/4λ波長板を入れることによって円偏光の励起光を得ることもできる．

次によく使用されている励起波長としては，3-2-2「蛍光対策」で述べる蛍光を防止するために785nmの近赤外レーザーが用いられている．785nmでも蛍光が抑えられない場合には，1064nmのレーザーが使用されることがある．1064nmの励起レーザーを用いたシステムでは，2-6-3「CCD検出器」で述べるように検出感度が極端に低下するため，測定に時間がかかるという問題がある．その他，半導体表面の観察に，侵入深度が小さい355nm程度の近紫外レーザーが使用されることがある．

レーザーから射出されたレーザー光は，顕微鏡内で特定の波長のみを反射するダイクロイックミラーを用いて対物レンズに導入される．このため，レーザー光の波長が変わると，その励起波長に対応したダイクロイックミラーに交換する必要がある．

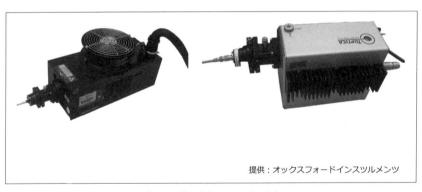

提供：オックスフォードインスツルメンツ

〔図2.4〕励起レーザー例

2−3. 対物レンズ

　対物レンズは，顕微ラマン分光装置において重要な素子である．典型的な対物レンズの例を図 2.5 に示す．対物レンズには次のような数値が記載されている．倍率，開口数（分解能を定義するうえで重要な数値であり，詳細は 3-3-3「2 次元ラマンイメージの分解能」で解説），機械的鏡筒長，適合カバーガラスの厚さ，その他，倍率カラーコードがある．液浸対物レンズでは，液浸タイプや液浸カラーコードが表示される．これらの倍率カラーコードや液浸カラーコードは，対物レンズを顕微鏡に取り付けた際，数値が見えにくい方向になった場合でも，カラーコードを見ることでどの対物レンズが取り付けられているかを把握できるた

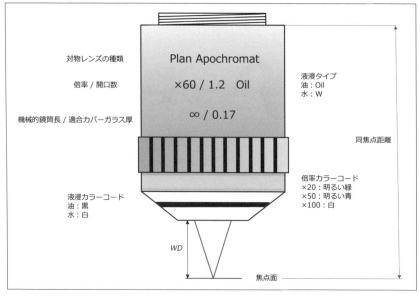

〔図 2.5〕対物レンズ例

め，よく使う対物レンズのカラーコードは覚えておくと良い．

　対物レンズの種類には，像面の湾曲を補正したプラン（Plan）があり，通常のレンズでは，画像の中央に焦点を合わせた時に，周辺部は焦点が合わない像面湾曲が発生するが，プランはこの湾曲を補正した対物レンズである．アポクロマート（Apochromat）対物レンズは，赤，緑，青の3波長での色収差を補正したもので，波長の違う光でも同一の焦点になる対物レンズ．顕微ラマン分光装置では，このプランとアポクロマートの両方の補正を行ったプランアポクロマート（Plan Apochromat）対物レンズが多く使用されている．

　2-2「励起レーザー光源」で述べたようにラマン分光装置では，UVからIR領域までの波長が使用される．波長が400nm～IRまでの領域は通常の対物レンズが使用できるが，400nm以下の近紫外～紫外領域は通常の光学ガラスでは紫外光は透過しなくなるので，石英ガラスを用いた専用の対物レンズを使用する必要がある．

　表2.2に，実際の対物レンズである×20，×50，×100の倍率の対物レンズのラマン分光関連のパラメータを示す．3-3-3「2次元ラマンイメージの分解能」で述べるように，開口数N.A.（Numerical Aperture）が

〔表2.2〕対物レンズの開口数，作動距離，透過率

倍率	×20	×50	×100
開口数　N.A	0.5	0.8	0.9
作動距離 WD[mm]	2.1	1.1	0.31
透過率（実測値@532nm）	94%	74%	43%

大きいほど空間分解能は向上するため，ラマンイメージングの分解能を考慮すると N.A. が大きい ×100 の対物レンズが有利となる．

しかし，焦点が合ったときの対物レンズの先端から試料までの距離，すなわち作動距離（WD: Working Distance）は，×20 の対物レンズが 2.1mm であるのに対し，×100 の対物レンズでは 0.31mm と非常に短くなり，対物レンズを試料にぶつけてしまう危険性が増す．高倍率の対物レンズの多くは，先端がぶつかるとバネで先端部が引っ込む構造になっており，致命的な損傷を防ぐ設計となっている．しかし，試料によって対物レンズが汚染されると，拭き取りを行っても機能が回復しない場合があるため，対物レンズの接触には細心の注意を払う必要がある．

WD の大きい対物レンズから WD の小さい対物レンズまでが装着されている場合，まずは WD の大きい対物レンズで焦点位置を合わせ，その後 WD の小さい対物レンズに切り替えることが推奨される．同じメーカーの対物レンズであれば，対物レンズ取り付け位置から焦点が合ったときの試料位置までの距離，すなわち同焦点距離（Parfocal Distance）は同一であり，異なる対物レンズに切り替えても焦点が合うように設計されている．

図 2.1 で示したように，顕微ラマン分光ではレーザー光を対物レンズで集光して試料に照射し，試料から散乱された光を再度対物レンズで集光するため，光は対物レンズを 2 回通過する．このため，検出強度には対物レンズの透過率が影響する．例えば，×20 の対物レンズでは表 2.2 より透過率が 94% であるため，総合的な透過率は $0.94 \times 0.94 = 0.88$ となり 88% となる．しかし，×100 の対物レンズでは透過率が 18% となる．したがって，一般的に開口数 N.A. が大きな高倍率の対物レンズで観察

を行うと，N.A. が高いにもかかわらず光学顕微鏡像が暗くなるのは，この透過率が関係している．

　顕微鏡の本体と対物レンズのメーカーが異なる場合，取り付け部のねじの径やピッチの違いにより直接取り付けることができない．このため変換アダプターが市販されており，異なるメーカーの対物レンズでも使用できる．しかしこのように異なるメーカーの対物レンズを混在して使用した場合，同焦点距離が異なるため対物レンズ切り替え時に，対物レンズを試料にぶつけないように注意する必要がある．
　また，顕微鏡本体と対物レンズの光学設計は一体でなされており，本体と異なるメーカーの対物レンズを取りつけた場合，3-3-3「2次元ラマンイメージの分解能」，3-4-2「深さ方向ラマンイメージの分解能」で述べるような理論的分解能を得られない場合もあるので注意が必要である．

　3-2「ラマンスペクトルの取得」で述べるように，単純にどの対物レンズが良いとは一概に言えないが，初めて測定を行う場合には，×50の対物レンズが推奨される．これは，開口数が0.8と大きく，WD も 1.1mm と扱いやすいためである．

2−4. 共焦点構造

　図 2.6(a) で示した光学構造において，励起レーザー光はダイクロイックミラーで反射され，対物レンズで集光されて試料表面に照射される．試料表面から散乱された光は，再び対物レンズで集光され，並行光学系によって平行光としてダイクロイックミラーを通過する．その後，結像レンズで集光され，検出器によって光強度が電気信号に変換される．

　このとき，図 2.6(b) に示すように，対物レンズの過焦点（オーバーフォーカス点）や下焦点（アンダーフォーカス点）からの光も検出器に入ることがある．また，場合によっては外部からの迷光も検出器に入ることがある．この状態で，蛍光染色した細胞を XY 方向に走査し，蛍光強度をイメージングした画像が図 2.7(a) である．この画像では，S/N 比（Signal to Noise ratio）が悪化している．

　図 2.6(c) に示すように，対物レンズの焦点位置と共役焦点となる位置

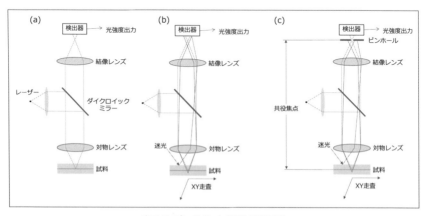

〔図 2.6〕共焦点構造原理図

にピンホールを設置することで,焦点の合った位置(正焦点)から信号のみを取得できる.この状態で前述の細胞を観察した結果が図2.7(b)であり,大幅にS/Nが改善されていることがわかる.注意すべき点は,共焦点構造において分解能が向上するわけではないということである(実際にはわずかに向上するが),主にS/Nが改善される点に特徴がある.

共焦点構造では,正焦点からのみ散乱光信号を得られるため,試料が励起光波長に対して透明または半透明の場合,Z方向(深さ方向)に走査することで深さ方向の情報を取得できる.詳細は後述する3-4「深さ方向のイメージング」および3-5「3次元ラマンイメージング」を参照されたい.多くの顕微ラマン分光装置では,S/Nを向上させるために共焦点構造を採用しており,ピンホールの大きさを選択できる装置も存在する.

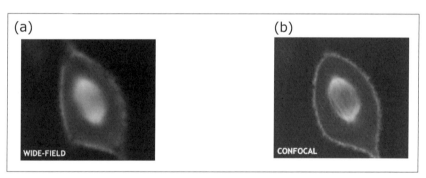

〔図2.7〕蛍光染色した細胞の観察比較

2-5. ラマンフィルター

試料から散乱されるラマン散乱光は、レイリー散乱光に比べて約 10^{-4} 〜 10^{-5} 程度の強度しかない非常に弱い光である。このため、S/N 比を向上させてラマン散乱光を効果的に検出するには、レイリー散乱光を除去する必要がある。その際に用いられるのが、ラマンフィルター（長波長透過フィルター）またはノッチフィルター（バンドリジェクションフィルター）と呼ばれるものである。

これらのフィルターは、図 2.1 に示すように、分光器の前に挿入され、分光器にはラマン散乱光のみを導入する仕組みとなっている。

2-5-1. 長波長透過フィルター

多くのラマン分光装置では、レイリー散乱光を除去するために長波長透過フィルターが使用されており、これらは「ラマンフィルター」とも呼ばれている。図 2.8 に 532nm 用のラマンフィルターの特性を示す。

図 2.8 のラマンフィルターの特性に示されているように、532nm までは透過率がほぼ 0 であるが、532nm を超えると透過率が急激に上昇し、ほぼ 100% に達する。この透過率の立ち上がりによって、検出可能な最低波数が決定される。長波長透過フィルターを使用した場合、ラマンスペクトルはストークス散乱側のみが測定される。

ラマンフィルターは、励起レーザーの波長に応じて選択する必要があり、励起レーザーを変更する際には、前述のダイクロイックミラーと同様に、レーザーの波長に対応したラマンフィルターに交換する必要があ

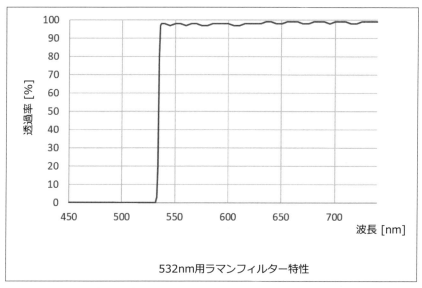

〔図2.8〕532nm 長波長透過フィルター特性

る．装置によっては，ダイクロイックミラーとラマンフィルターが1つのモジュールに組み込まれたものもあり，このモジュールの交換（切り替え）のみで対応できる装置もある．

2−5−2．ノッチフィルター

前述の長波長透過フィルターを使用すると，アンチストークス側のスペクトルは測定できない．一般的に，アンチストークスピークはストークスピークに比べて強度が10分の1以下であるが，アプリケーションによっては，アンチストークス側をあえて測定する場合もある[1]．

また，長波長透過フィルターでは，測定できる波数領域は使用するレーザー波長やフィルターの特性によるが，概ね$100cm^{-1}$以上となり，これ

より低い波数の測定はできない.例えば,カーボンナノチューブ(CNT)のRBM(Radial Breathing Mode)は,100cm^{-1}以下の領域に現れることが多い.

ノッチフィルターは,図2.9のフィルター特性に示すように,励起波長のみをカットし,励起波長より短波長および長波長の光を透過するフィルターである.さらに,100cm^{-1}以下の波数領域を測定できるように,図2.10に示すグレーティングを用いた構造も考案されている.

また,ラマンフィルターもノッチフィルターもレイリー散乱光の強度が強いため,完全にレイリー散乱光を除去することはできず,レイリー散乱光の波数0cm^{-1}のところにはわずかにピークが現れることがある.

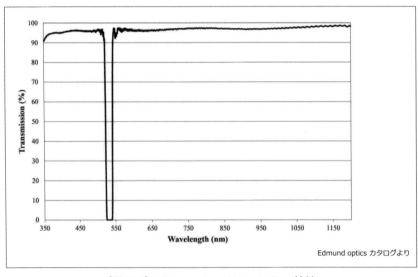

〔図2.9〕532nmノッチフィルター特性

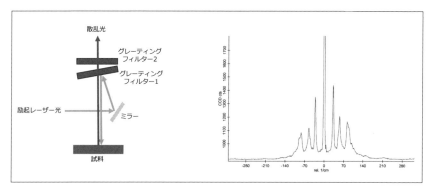

〔図2.10〕グレーティングを用いたユニットと医薬品の測定例

2−6. 分光器

　分光器は，ラマン分光装置における中心的な構成要素である．試料からの散乱光を対物レンズで集光し，ラマンフィルターを通してレイリー光を除去したラマン散乱光を，グレーティングを用いて波長ごとに分光する．この分光された光は，2次元CCDカメラで波長ごとの強度が測定される．このプロセスにより，ラマンスペクトルが得られ，試料の化学的および物理的特性を解析することができる．

2−6−1. 分光器の構造

　典型的な分光器の構造として，ツェルニー・ターナー（Czerny-Turner）方式の分光器を図2.11に示す．

　入射した散乱光は凹面鏡1で反射され，平行光に変換されてから後述のグレーティングに照射される．グレーティングで分光された散乱光は再び凹面鏡2で集光され，CCD検出器に導かれる．凹面鏡には，凹面型ガラスに反射効率の高いAlコーティングが施されており，紫外領域から赤外領域まで使用できるという利点がある．しかし，凹面鏡の総合的な反射効率は約70%である（Al自体の反射率は90%以上だが，表面コーティングによる減衰がある）．2枚の凹面鏡を使用しているため，総合的な効率は0.7×0.7で約50%程度になる．

　また，凹面鏡を光軸から角度をつけて使用するため，光学コマ収差が生じる．これは，円形の光を照射した際に反射光の形状が半月状になり，結果として図2.13に示すようにラマンスペクトルが高波数側に尾を引

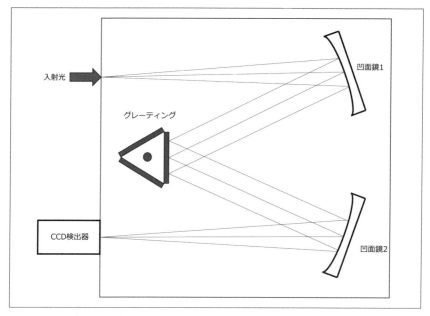

〔図 2.11〕ツェルニー・ターナー方式の分光器の構造

いた非対称な形状になる現象である．この収差は，4-2-2「ピークフィッティング」で述べるピークフィッティングを行った際に，ピーク波数のずれや半値幅の増大を引き起こす可能性がある．近年では，この問題を補正する機能を持つミラータイプの分光器も開発されている．

一方，凹面鏡の代わりに凸レンズを用いた分光器も考案されている[2]．構造を図 2.12 に示す．

レンズの透過率は波長 500nm で 90% に達し，分光器全体の効率は 0.9 × 0.9 で約 80% となる．図 2.13 に示すレンズを用いた光学系ではコマ収差が発生しないため，スペクトルの左右非対称性の問題はない．

ただし，レンズを使用した光学系では，ガラスレンズ（材質は光学ガ

2. 顕微ラマン分光装置

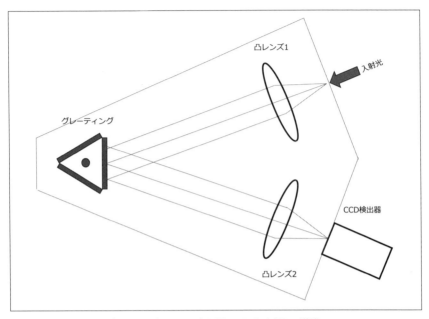

〔図2.12〕レンズを用いた分光器の構造

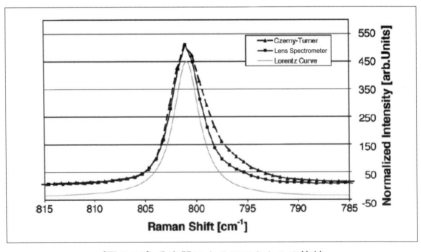

〔図2.13〕分光器によるスペクトルの比較

ラス BK7 が主に使用される）が紫外領域を透過しないため，350nm 以下の波長には使用できないという問題がある．また，各波長に適した表面コーティングが必要であり，全波長を１つのレンズでカバーすることはできないため，励起波長に応じたレンズを使用する必要がある．

２－６－２．グレーティング

　グレーティングは，ガラス基板上に機械的に刻線を彫り込んだもので，1mm あたりに何本の刻線があるかで表される．たとえば，600g/mm は 1mm の中に 600 本の刻線があることを示す．図 2.14 にグレーティングの原理を示す．
　溝の断面形状が鋸歯状である回折格子（ブレーズド回折格子）は，特定の次数と波長に対して高い回折効率を示す．
　図 2.15 に示すように，光が反射型の回折格子に法線方向より角度 α

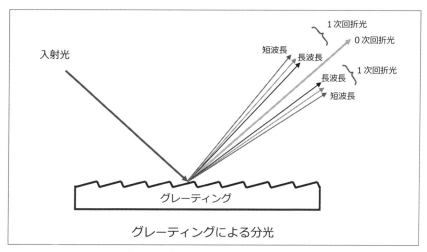

〔図 2.14〕グレーティングの原理

で入射した場合，波長 λ の光が角度 β で回折する．ここで，角度 α, β を用いてグレーティング方程式は次のように表される．

$$sin\alpha + sin\beta = Nm\lambda \quad \cdots\cdots\cdots\cdots\cdots\cdots\cdots\cdots\cdots\cdots (2.6.1)$$

ここで，溝の斜面に対して，入射光と m 次の回折光が鏡面反射の関係にあるとき，m 次の回折光にエネルギーの大部分が集中する．このときの溝の傾きをブレーズ角と呼び，θ_B で表すと，

$$\theta_B = \frac{\alpha+\beta}{2} \quad \cdots\cdots\cdots\cdots\cdots\cdots\cdots\cdots\cdots\cdots\cdots\cdots (2.6.2)$$

となる．また，このときの波長をブレーズ波長といい，λ_B で表すこと

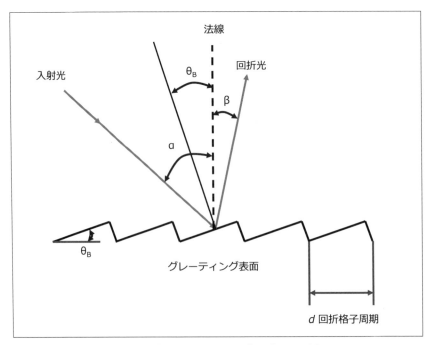

〔図2.15〕グレーティングのブレーズ角

ができる．

$$\lambda_B = \frac{2}{Nm} sin\theta_B \cos(\alpha - \theta_B) \quad \cdots\cdots\cdots\cdots\cdots\cdots\cdots\cdots\cdots\cdots (2.6.3)$$

ここで，d は回折格子周期，N は 1mm あたりの刻印数，m は回折次数（$m=0$，±1，±2，・・・）である．

刻線の傾斜角度により，特定の波長に対する効率を最適化することが可能で，この波長を「ブレーズ波長」と呼ぶ．ラマン分光においては，使用する励起レーザーの波長に適したブレーズ波長のグレーティングを選択する必要がある．

ブレーズ波長に対する効率は長波長側では緩やかに減少するが，短波長側では急激に減少する．たとえば，532nm の励起レーザーを使用してストークス側のラマンスペクトルを測定する場合は，ブレーズ波長 500nm のグレーティングを使用する．ブレーズ波長はグレーティングメーカーの仕様によるが，よく使用されるものとして 350nm，500nm，750nm がある．

刻線数が多いほど波数分解能は向上するが，図 2.16 に示すように，一度に測定できる波数範囲や検出強度は減少する．たとえば，600g/mm で $0 \sim 3000 cm^{-1}$ まで測定できた場合，刻線数を 1200g/mm にすると波数分解能は倍になるが（正確な値は CCD の画素数に依存する），測定範囲は $0 \sim 1500 cm^{-1}$ となり，検出強度も半減する．一般的な刻線数は 300g/mm，600g/mm，1200g/mm，1800g/mm，2400g/mm が存在する．

多くのラマン分光装置では，グレーティングを複数枚装備できるようになっており，励起レーザー光に対応したブレーズ波長を考慮して，まずは検出強度の高いグレーティングを選択し，注目する波数分解能が必要な

2. 顕微ラマン分光装置

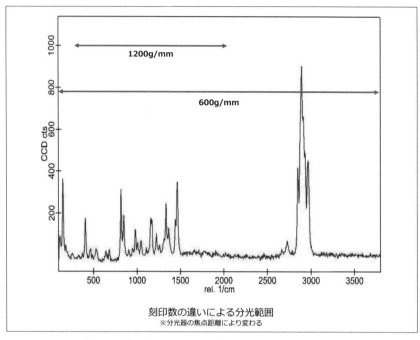

〔図2.16〕グレーティングの違いによる測定範囲

領域では，より高分解能のグレーティングに切り替えることを推奨する．

2-6-3．CCD検出器

　グレーティングで分光された散乱光を検出するため，ほとんどのラマン分光装置では，2次元のCCD（Charge-Coupled Device）検出器が使用されている．図2.17に，典型的なCCD検出器の外観写真と，検出部の内部構造を示す．
　CCD素子は反射防止膜（ARコート）が施されたウィンドウ付の真空チャンバー内に封入されており，一例として，1個のCCD画素の大きさ

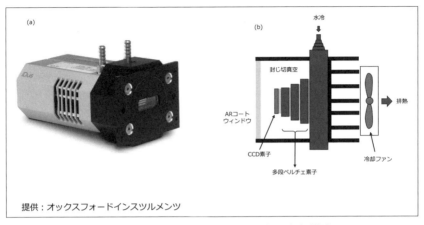

〔図2.17〕CCD検出器の外観写真と内部構造

が $26 \times 26\mu m^2$ で，横1024個，縦127列の2次元配列となっているCCD素子全体のサイズは $26.6 \times 3.3mm$ となる．

CCD素子に光が照射されると，素子内に電荷が蓄積される．一定時間（積算時間）の後，CCD画素に蓄積された電荷を「Vertical Binning」という方式で読み出しレジスタに蓄積し，最終的には読み出しレジスタからデータが読み出される．このデータがラマンスペクトルに対応する．

Vertical Binning方式の他にCorp方式（Correlated Doubles Sampling）がある．図2.18に示すように，分光されたラマン散乱光はCCD画素のすべての列に照射されるわけではなく，特定のラインに照射される．このラインを指定して読み出しレジスタにデータを格納する方式，Corp方式では検出に寄与しない他の画素から発生するノイズを除去することができるため，S/Nの良い検出が可能である．装置によっては読み出し方法を指定できるようになっているものがある．

例えば600g/mmのグレーティングを使用してCCD素子（1024素子）の横方向で $0 \sim 3000cm^{-1}$ の波数を検出する場合，波数分解能は

❖ 2. 顕微ラマン分光装置

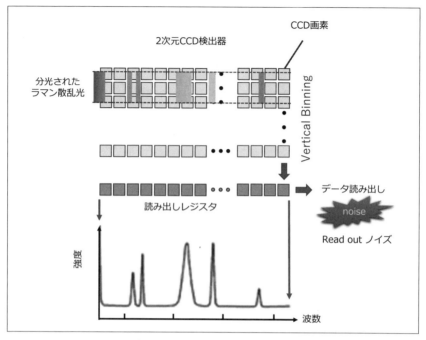

〔図 2.18〕CCD での検出方式

$3000/1024 = 2.9 \text{cm}^{-1}$ となる．一方，1200g/mm のグレーティングを使用すると，検出できる波数範囲は $0 \sim 1500 \text{cm}^{-1}$ に縮小するが，波数分解能は $1500/1024 = 1.45 \text{cm}^{-1}$ となる．

CCD のデータを高い S/N 比で検出するためには，ノイズ成分の低減が重要である．ノイズには，ショットキーノイズ（Schottky noise），熱雑音（Thermal noise），読み出しノイズ（Read out noise）などがある．S/N は下記の式で表される．

$$S/N = \frac{Signal}{\sqrt{Signal + \sigma_R^2 + \sigma_T^2}} \quad \cdots\cdots (2.6.4)$$

ここで，σ_R は読み出しノイズ，σ_T は熱雑音．

熱雑音を下げるために，CCD素子はガラス製の真空チャンバー内に封入され，多段のペルチェ素子で冷却されている．ペルチェ素子での冷却は通常 −60℃ が限界であるが，さらに冷却水を併用してペルチェ素子の後段を水冷すると CCD素子を −100℃ 程度まで冷却可能であり，特に信号強度が弱く長時間積算が必要な場合に有効となる．

　読み出しノイズはスペクトルを読み出す毎に，一定のノイズが発生する．このため信号強度が弱い場合は，信号が読み出しノイズレベル以下になって検出できなくなる．この場合は，積算時間を長くして信号強度を読み出しノイズより大きくする必要がある．

　CCD検出器にはいくつかの種類があり，装置の選定時や使用しているCCD検出器の種類を把握することは重要である．CCD検出器には大きく分けて，前方照射型（FI: Front Illuminated）と背面照射型（BI: Back Illuminated）の2種類がある．波長に対する量子効率の違いを図2.19に示す．

　前方照射型CCDは標準的な構造で広く使われているが，電極などの構造物が表面にあるため量子効率は最大で約50%である．一方，背面照射型CCDは，デバイスの背面を薄く加工したもので，電極による影響がないため，量子効率は最大で約95%に達する．ただし，背面照射型では近赤外領域の検出時に背面壁内部で多重反射（干渉）が生じ，高波数側のスペクトルに「フリンジ現象」と呼ばれる波型の波形が現れることがある．この問題を解決するために，背面壁を厚くした「Deep Depletion」型のDD-CCDも存在する．

　CCD検出器には，EMCCD（Electron Multiplying CCD）を搭載した装置も存在する．EMCCDは，CCDの読み出し部に電子増倍機能を付加したCCD検出器であり，微弱な光を高いS/N比で測定するために使用される．

◆ 2．顕微ラマン分光装置

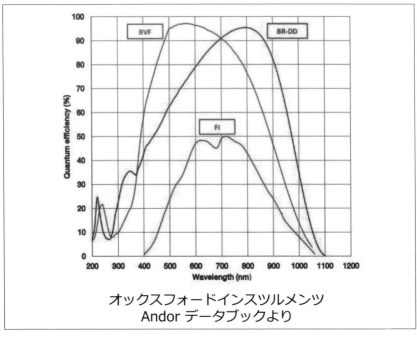

オックスフォードインスツルメンツ
Andor データブックより

〔図 2.19〕前方照射型と背面照射型の量子効率の違い

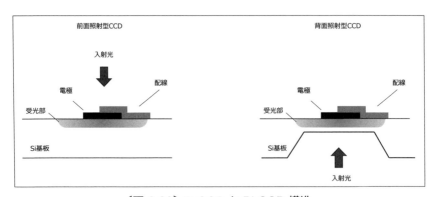

〔図 2.20〕FI-CCD と BI-CCD 構造

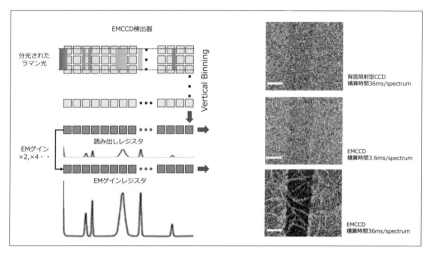

〔図 2.21〕EMCCD 動作原理

EMCCD では，増倍機能のオン／オフをソフトウェアから切り替えることが可能であり，増倍機能を使用しない場合は通常の CCD カメラと同様に使用することができる．

EMCCD は，図 2.21 に示すように通常の CCD に追加の読み出しレジスタを持ち，通常の CCD 読み出しレジスタよりも高いクロック電圧で駆動される．この仕組みにより，常に信号を読み出しノイズ以上に増幅することが可能となり，高速な読み出しも実現する．例えば，一例として 1600×200 ピクセルで 2.5MHz の読み出しが可能な EMCCD では，2.3ms/spectrum という高速での読み出しが可能である．

EMCCD 機能が特に効果的なアプリケーションは，微小な信号を検出する場合であり，積算時間を長くして測定するよりも，短い測定時間で測定回数を増やす（ラマンイメージングの場合は測定点数を増やす）ことで大きな効果が得られる．

コラム

　EMCCD を使用した場合の S/N について詳細に説明する．まず，CCD の量子効率（QE）が 90％ であり，1 A/D カウントが読み出しノイズの電子数に等しくなると仮定する．（2.5MHz 読み出し増幅器では，1 A/D カウント = 30 電子）

　積分時間内に 100 個の光子が CCD ピクセルに入射すると，90 個の電子が生成され，それが 3 A/D カウントに変換される．読み出しノイズは 1 A/D カウント，ショットノイズは 9.5 であり，およそ 0.3 A/D カウントに相当する．これらの数値を基に S/N 比を計算すると，約 2.6 となる．

　EMCCD を使用する場合，信号は電子増倍係数で増幅され，最大 1,000 倍に達する（実際には小さい増幅係数が使用されることが多いが，計算上の違いはない）．90 個の電子が 90,000 個の電子に増幅され，結果として 3,000 A/D カウントが得られる．ショットノイズは 9,500 個の電子となり，317 カウントに相当する．一方で，1 カウントの読み出しノイズは無視できるレベルである．この場合の S/N 比は 9.5 となり，通常の CCD と比べて約 3.6 倍の改善が見られる．

　次に，10 個の光子が入射した場合を考える．通常の CCD では，信号はわずか 0.3 カウントにしかならず，この場合ショットノイズは無視できるが，1 カウントの読み出しノイズにより S/N 比は 0.3 となり，ほとんど検出できない信号になる．

　一方，EMCCD を使用した場合，信号は 333 カウント，ショットノイズは 100 カウントとなり，S/N 比は 3.3 となる．これは通常の CCD と比較して約 11 倍の改善となる．

　実際には，電子増倍プロセスそのものが「余剰ノイズファクター（Excess Noise Factor）」と呼ばれるノイズを引き起こすため，前述の例

ではS/Nの実際の改善はそれぞれ2.6倍と7.9倍になる．

さらに信号が強くなり，信号強度がもはや読み出しノイズによって制限されない場合，EMプロセスによる余剰ノイズファクターがS/N比を低下させ，EMCCDを使用する効果は低下してくる．すなわち，EMCCDを使用すれば，すべてS/Nが良くなるというわけではない．

Siを用いたCCDでは，SiのバンドギャップがI.leVであるため，波長が1100nmを超えると検出できなくなる．光が持つエネルギーEは次の式で表される．

$$E = \frac{hc}{\lambda} \quad \cdots\cdots\cdots\cdots\cdots\cdots\cdots\cdots\cdots\cdots\cdots\cdots\cdots\cdots (2.6.5)$$

ここで，hはプランク定数6.62×10^{-34}[Js]，cは光速3.0×10^8[m]，λは波長を表す．

$$1J = \frac{1}{1.60 \times 10^{-9}} eV \quad \cdots\cdots\cdots\cdots\cdots\cdots\cdots\cdots\cdots\cdots (2.6.6)$$

を用いてJをeV単位に変換すると，波長1100nmは約1.13 eVになる．

例えば，785nmの励起レーザーを使用してスペクトルを取得する場合，2500cm^{-1}以上の波数は検出できないため注意が必要である．

近年，蛍光を強く発生する素材に対して，赤外領域でのラマン分光が試みられており，1064nmの励起レーザーが使用されることが多い．この場合，検出器としてInGaAs（インジウムガリウム砒素化合物，Indium Gallium Arsenide）を用いたCCDが使用されるが，その検出効率はSi検出器に比べて1/10〜1/100程度低くなるため，長時間の積算が必要になることが多い．

2-7. 試料ステージ

顕微ラマン分光装置では,ラマンイメージングのための走査を励起レーザー光で行う方式も存在するが,mmオーダーの広い領域の走査を行うことは難しい.このため,試料ステージには観察場所へ移動するための機能と試料を走査する2つの機能が試料ステージには必要となる.

多くの試料ステージは,ステッピングモーターを用いたX-Yステージであり,可動領域は数十mm程度のものが多いが,ウェハなどの大型試料に対応するために,200mm以上の可動領域を備えたステージも存在する(図2.22参照).駆動ステップの最小単位は100nm程度である.さらに位置の再現性を高めるために,リニアエンコーダーを装備している装置もある.

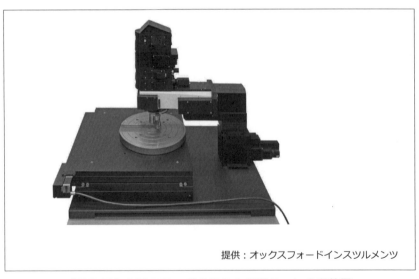

提供:オックスフォードインスツルメンツ

〔図2.22〕大型ステージを備えた顕微ラマン分光装置

Z方向（顕微鏡の焦点方向）についても，ほとんどの装置がステッピングモーターを用いた駆動方式を採用している．これは，3-4「深さ方向のイメージング」，3-5「3次元ラマンイメージング」で述べるように，Z方向への走査が必要となるためである．

2-8. 顕微ラマン分光装置の保守

1章で述べてきた分析装置の中でも顕微ラマン分光装置は，真空ポンプ等の定期的な保守が必要な部分がなく，近年保守性も向上してきてメンテナンスの少ない装置となってきている．しかし，装置の性能を維持するためにはいくつかの点に注意して保守を行う必要がある．

2-8-1. 波数のキャリブレーション

ラマン分光装置で波数がずれる原因として，分光器内部で使用されるグレーティングが挙げられる．測定範囲を広げるためにグレーティングが回転する構造となっているため，回転角度がずれると波数もずれてしまう．また，検出器内部に配置されているミラーの位置など，光路がずれることでも波数のずれが生じる．他に，固体レーザーの場合，発振波長にわずかなずれが生じることもある．

波数のキャリブレーションに関しては，メーカーごとに方針が異なる．装置の使用前にSiの520cm^{-1}のラマンピークでキャリブレーションを行うことを推奨するメーカーもあれば，定期的なキャリブレーションを推奨しているメーカーもある．

キャリブレーションには，HgランプやNeランプなどが用いられる．これらのランプは，発光波長が既知の輝線を複数持っており，これらの輝線を利用して装置のキャリブレーションが行われる．

装置のキャリブレーションが正確でないと，データベースとのマッチングが不正確になる．また，データ間での整合性が取れなくなるため，

メーカーが推奨する方法でキャリブレーションを実施することが望ましい．簡易的な確認方法として，Si の 1 次のラマンピークが $520cm^{-1}$ で正しく測定できるかを定期的に確認すると良い．

2－8－2．励起レーザー

励起レーザーは，2-2「励起レーザー光源」で述べたように，固体レーザーが多く使用されるようになっている．固体レーザーにも寿命があるが，近年のレーザー光源の寿命は以前に比べてかなり長くなってきている．寿命に達すると，レーザーの発振が停止したり，レーザー強度が低下したり，不安定になることがある．

レーザーの寿命は使用時間に依存するため，使用状況にもよるが，装置を使用しないときはレーザーの電源をオフにしておく方が良い．レーザーの電源を入れると，内部の YAG 結晶をペルチェ素子で冷却するため，発振が始まるまでに数分かかるものもある．

レーザーの出力が低下したと感じた場合，ファイバーカップリングを用いる装置であれば，カップリングのずれを疑うと良い．また，発振しない場合や，出力が不安定な場合は，レーザーの交換が必要となる．

レーザーの出力の低下を測定するには，定期的に Si の 1 次のラマンピーク $520cm^{-1}$ の強度を測定して記録しておくと良い．

2－8－3．対物レンズ

液浸の対物レンズを使用する場合は，使用後に必ず液を拭き取っておく必要がある．特に油浸対物レンズの場合は，アルコールとエーテルを

70%と30%の割合で混合した溶剤などを用い，レンズ専用のクリーナーペーパーで一方向に拭き取るようにする（左右に拭き取ると，拭き取られた汚れが再度レンズに付着するため）．

　液浸でない対物レンズについても，試料にぶつけて汚染しないよう注意が必要であり，軽微なダストが付着した場合は，ハンドブロアーで吹き飛ばすようにする．

　対物レンズをレボルバーで切り替える際には，対物レンズ自体を持って回さないように注意する．対物レンズを持って回すと，光軸がずれる可能性があるためである．

2-8-4．光学部品

　レーザーを扱う業界では，レーザー光が通るビームパス上の光学部品（ミラー，フィルター等）は消耗品として扱われている．しかし，顕微ラマン分光装置では，特殊なアプリケーションを除き，レーザーの強度は数10mW程度である．このため，光学部品の劣化に関しては，ほとんど保守を必要としない．

　グレーティングやラマンフィルターを交換する必要がある装置の場合，光学部品に素手で触れないように注意する．交換時には，ナイロン製の手袋（綿製手袋はほこりが出るため使用しない）やパウダーフリーのラテックス手袋を使用することが推奨される．ほこりが付着した場合は，ハンドブロアーなどで吹き飛ばすようにする．誤って指紋などが付着してしまった場合は，前述の対物レンズの清掃方法と同様に拭き取るか，ポリマークリーナーと呼ばれるものが市販されている．これは，液体を部品表面に塗布して乾燥させ，薄い膜となったものをはがして清掃

を行うものである.

2-8-5. CCD 検出器

　ラマン散乱光検出用の CCD 検出器は，光電子増倍管（photomultiplier tube: PMT）やアバランシェフォトダイオード（avalanche photodiode: APD）のように，強い光を照射することで故障する可能性は低い.

　通常 CCD 素子は，ペルチェ素子によって $-60℃$ 付近まで冷却して使用される．これらの素子は，2-6-3「CCD 検出器」で述べたように，真空チャンバーの中に封入されている．この真空が何らかの原因（微小リーク等）で低下すると，冷却温度が十分に下がらなくなる．この場合，CCD のメーカーにて再度真空引きを行ってもらう必要があるが，数週間かけて真空引きを行うため，修理には時間がかかる.

　近年は CCD 素子の製造プロセスの品質が向上したためほとんどないが，CCD 素子の 1 点が故障し Hot spot と呼ばれるスパイク状のノイズが発生することがまれにある．Hot spot は素子の不良なので，必ず同じ場所で測定のたびに現れる．4-1-1「宇宙線除去」で述べる宇宙線ノイズは，毎回発生するわけではなく，発生場所も毎回異なるので容易に区別がつく．Hot spot が発生した場合は，修理を行うことはできず，CCD の交換になり費用も高額になる．かつては Hot spot が最初から発生することがあったため，測定ソフトウェアで Hot spot 部分のみ測定から削除することができるようになっているものもある．Hot spot が発生した場合は，メーカー側に対応を相談すると良い.

2−8−6．制御コンピュータ

　顕微ラマン分光装置に限らず，理化学機器のほとんどは Windows コンピュータを使用している．装置本体は 10 年以上問題なく使用できる場合が多いが，コンピュータが古くなり使用できなくなるケースが多々見られる．予算的な問題もあるが，メーカーからのアップデート情報を常に得るようにした方が良い．

　日本国内では，理化学機器はネットワークに接続されないことが多いが，近年では海外メーカーによる保守サポートは，ネットワークを利用したリモート接続が一般的になっている．リモートサポートには多くの利点があるため，所属する機関のシステム担当部署と相談し，問題がなければネットワークに接続することを推奨する．

　測定されたデータの保存に関してもネットワークを介してサーバーへの保管などのバックアップとセキュリティーの構築を行っていくべきである．

参考文献

[1] Chunxiao Cong and Ting Yu, *nature communications*, 5, 4709 (2014)
[2] T. Dieing, O. Hollricher, *Vibrational Spectroscopy*, 48, 22 (2008)

3

ラマン分光測定

本章では，試料の形態に応じた試料準備方法，装置のセッティング，パラメータの設定など，ラマンスペクトル取得の流れについて説明する．ラマンスペクトルを取得する際に直面する問題点（蛍光，焼損，感度不足）への対応方法についても述べる．
　さらに，ラマンスペクトルの取得から2D，3Dラマンイメージの取得方法について説明し，3D作成方法の実例を紹介する．

3－1．試料準備

　ラマン分光法では，蛍光顕微鏡や共焦点顕微鏡のような試料の染色や，電子顕微鏡におけるチャージアップ防止のためのカーボンや金属粒子のコーティングといった前処理は必要ない．ただし，これらの分析手法とラマン分光測定を同じ試料に対して行う場合，染色物質がラマン分光測定で蛍光を発し，カーボンコーティングがラマンピークに現れるなどの問題が生じるため，可能であればラマン分光測定を行ってから他の分析用の前処理を行う等の注意が必要である．
　このように，ラマン分光測定では基本的に試料の染色，コーティングの前処理を行う必要はないが，試料をしっかりと試料台に固定することは，測定の安定性や信頼性を確保するために重要である．

3－1－1．固体・粉体試料

　固体試料で，ある程度の大きさがあり，安定して試料台に置けるものであれば，そのまま試料台に載せて観察を行って問題ない．

3. ラマン分光測定

　試料台の大きさはあるが，不安定にならなければ試料台からはみ出しても問題ない．試料の高さは 30mm 程度まで対応できる装置が多い．これ以上の厚みがある場合は試料を切り出す等の工夫が必要となる．

・フィルム等薄い試料

　はさみで切り出せる試料は，適当な大きさに切り，スライドガラス上に固定して観察する．両面テープで固定する場合，両面テープの剥離紙を用いて試料を軽く押さえると，気泡が入らずに固定できる．ただし，強く押しすぎると両面テープが変形し，測定中のドリフトの原因となるため注意が必要である．

　試料固定用のゲルシートも販売されており，両面テープと同様に，試料とゲルの間に気泡が入らないよう注意して取り付ける．

　フィルムの断面を測定したい場合は，フィルム試料を挟み込んで装着

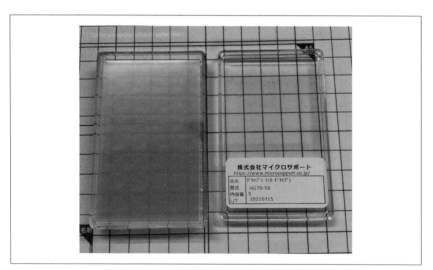

〔図 3.1〕試料固定用ゲルシート

できる試料フォルダオプションを有している装置もある.また,ミニチュアのバイスでも高さが足りれば代用できる.

　フィルム試料の断面を出すには,簡単には片刃カミソリを用いて断面を出すと良い.この場合平坦な台上で切断するより,バイスに取り付けた状態で切断するか,同じ材質のフィルムでサンドイッチにして切断するときれいな断面を作製できる.

　試料が柔らかい場合は,液体窒素やドライアイスを用いて凍結させてから切断する.この場合,断面は割断したような形状となる場合がある.

・顆粒等のある程度大きさのある試料

　通常のスライドガラスでは,取り付け時に試料が転がり落ちてしまう可能性があるので,ホールスライドガラスと呼ばれる中央部分にくぼみがあるスライドガラスを使用すると良い.ホールスライドガラスを使用

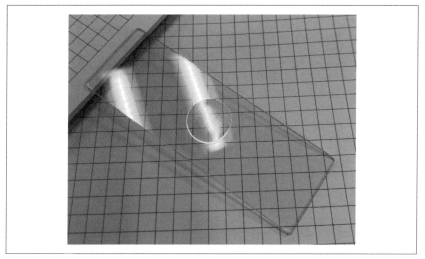

〔図3.2〕ホールスライドガラス

3. ラマン分光測定

すると測定中に試料が転がり落ちることはないが，ステージにスライドガラスを載せるときや取り出すときには注意が必要である．

・粉末状の試料

　粉末試料を観察する場合，試料粒子が重なり合わないように基板上に分散させる必要がある．作動距離 WD の短い対物レンズを使用すると，静電気などの影響で試料が対物レンズに吸着し，対物レンズを汚染してしまう可能性がある．そのため，スライドガラス上に両面テープを貼り付け，試料を両面テープ上に少量載せ振動を与えて試料を分散させたのちに，スライドガラスを逆さにして固定されなかった試料をエアーガンで落とし，最後に剥離紙で少し押さえて試料がテープにしっかりと付着するようにする．両面テープの粘着面から浮いた試料が無いようにすることが重要である．

　また，両面テープを用いずに，ホールスライドガラスに試料を載せてカバーガラスをかぶせて測定する方法もある．ただし，3-2-4「信号強度・S/N の改善」で述べる N.A. の小さな対物レンズを使用する場合，カバーガラスのラマンスペクトルが測定スペクトルに影響することがあるため，注意が必要である．

　試料を水やエタノールの溶媒で懸濁させて，スライドガラス上に滴下させて分散させる方法がある．また，注射筒に取り付けたナノパーコレーターという $0.6\mu m\phi$ の穴の開いたフィルター上に滴下し，注射筒で吸引してナノパーコレーター上に分散させる方法がある．図 3.3(a) にナノパーコレーターを用いた分散方法を示す．観察時には，このナノパーコレーターを試料台上に取り付けて観察を行う．

　その他に真空分散法がある．粉体試料を真空中に噴霧して基板上に分

散させる方法で，粉体試料を液体に触れさせたくない場合に使用される．粒子分散ユニットとして市販されている．図3.3(b)に真空分散法の方法について示す．

・形状が不定形な試料

　後述のラマンイメージングを行う場合は，試料表面が平坦であることが重要となる．平坦な面を上にして固定しようとしても，下部が平坦でない試料については，スライドガラス上に図3.4に示す試料固定用粘土を用いて固定すると良い．試料を粘土の上に載せた後，上から別のスライドガラスで軽く押さえることで，観察面を簡単に水平に保持することができる．

・研磨を必要とする試料

　鉱物試料のように切り出しや研磨を行って試料を作製する場合，通常はスライドガラス上に試料をワックス等で固定し，研磨後に剥離防止の

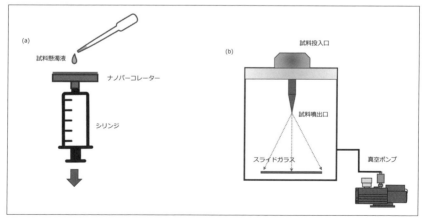

〔図3.3〕(a) ナノパーコレーターを用いた分散方法 (b) 真空分散法

◆ 3．ラマン分光測定

〔図 3.4〕試料固定用粘土

ためパラフィンなどで表面をコーティングする．しかし，ラマン分光を行う場合は，パラフィンが蛍光を発生させるなどして測定を阻害する可能性があるため，コーティングは行わないようにする．

・水を用いた研磨ができない試料

　薬錠剤の内部の薬剤の分布をイメージングする場合，研磨に水を使用することはできない．

　簡易に試料表面を研磨する方法としては，図 3.5 に示す片刃カミソリ等で薬剤を割断し，表面を平坦にするためにガラス製爪やすりを平らな台に固定し，試料を動かして平坦な面を出す．その後，ミクロンペーパーをガラス板の上に固定し，試料を動かして研磨する．ミクロンペーパーは，$10\mu m$ から $3\mu m$ 程度へ粗さを細かくして研磨することにより，ラマンイメージングが可能な試料表面を作製することができる．

研磨を行った試料は，試料固定用粘土を用いてスライドガラス上に研磨面が水平になるように固定を行う．

　錠剤中に薬剤カプセルを内包する薬錠剤の割断研磨面の観察例を図3.6に示す．図3.6(a) の光学顕微鏡像で示すように平坦な面が得られている．枠線で囲まれた部分のラマンイメージを図3.6(b) に示す．薬剤カプセルが目的とする部分で溶け出すように二重のコートがなされている

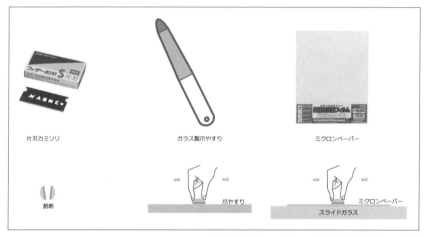

〔図3.5〕錠剤の研磨方法

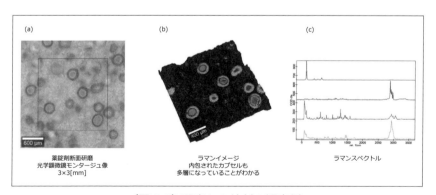

〔図3.6〕研磨した錠剤の観察例
(a) 光学顕微鏡像 (b) ラマンイメージ (c) ラマンスペクトル

ことがわかる.また,薬剤カプセルが賦形剤中に均等に分布している様子が観察されている.図3.6(c)に得られたラマンスペクトルを示す.

3-1-2. 液体・ジェル状試料

液体試料は,対物レンズを使用せずに専用のセルを用いて測定するオプションがある.多くの試料を測定する場合,図3.7に示す試料管(カバレット)に試料を入れて測定する.

オプションの装備がなく,測定試料数が少ない場合は,ホールスライドガラスに試料を滴下し,カバーガラスをかぶせて測定する方法がある.揮発性の高い有機溶媒であっても,測定中に揮発して無くなることはなく,安定して測定することができる.試料を長期間保管したい場合は,

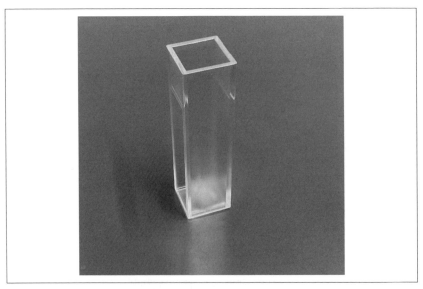

〔図3.7〕試料管(カバレット)例

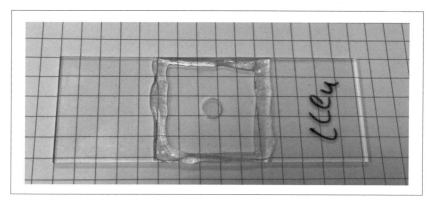

〔図3.8〕四塩化炭素を封じ込めたホールスライドガラス

カバーガラスの周りを接着剤もしくはホットグルーで固定することで，長期保管が可能となる．

　完全な液体ではなく，ジェル状の試料（化粧品，歯磨き粉等）の場合は，通常のスライドガラス上に少量取り出し，カバーガラスをかけて均一に押しつぶすことによって試料を作製する．

　スプレーとして使用される液体試料は，毒劇物以外であれば上方に少量噴霧し，落下する液滴をスライドガラスで受け止めることでうまく分散させることができる．

3．ラマン分光測定

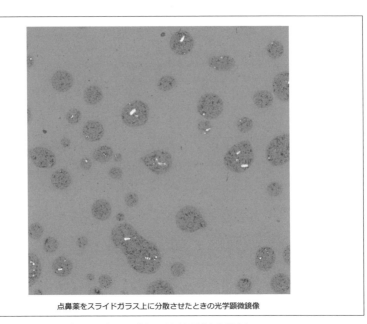

点鼻薬をスライドガラス上に分散させたときの光学顕微鏡像

〔図3.9〕スプレー液体試料分散例

3-2. ラマンスペクトルの取得

　ラマンスペクトルの取得は，すべてのラマン分光測定において基本となる測定である．蛍光等の影響なく，S/N の良いスペクトルを取得することが重要となる．

3-2-1. 測定パラメータの設定

　2章で述べたように，ラマンスペクトルを測定する前に装置の設定およびパラメータの入力が必要である．
- 励起レーザーの波長（532nm 等）
- 励起レーザーの強度（0.1mW 等）
- 対物レンズ（×50 N.A. 0.85 等）
- 分光器のグレーティング（600g/mm 等）

次に，測定する波数の範囲を設定する．
- 測定範囲（$0cm^{-1} \sim 3000cm^{-1}$ 等）

測定範囲が指定されたグレーティングの分光範囲外だった場合，多くの装置ではグレーティングを回転させ，自動的に測定を行うことができる．

最後に，測定積算時間と測定回数を設定する．
- 測定積算時間（1sec 等）
- 測定回数（3回等）

以上の設定を行い，測定を開始すると，指定された設定で測定が実行され，ラマンスペクトルが表示される．

3-2-2. 蛍光対策

　ラマン分光測定において，蛍光は最も頻繁に直面する問題である．蛍光とは，試料に照射された励起レーザー光によって電子が高エネルギー準位に励起され，その後，低エネルギー準位に落ちる際に光を放出する現象である．この光は広範囲の波長領域にわたって散乱光として発生し，その強度も非常に強いため，ラマンスペクトルの測定における大きな障害となる．

　蛍光が発生した場合の一般的な解決策としては，励起レーザー光の波長をより長波長のレーザーに変更して測定を行うことが推奨される．これにより，蛍光を回避できる可能性がある．一例として，532nmの励起レーザーを用いてカーボン系試料を測定した例を図3.10(a)に示す．広い波数領域にわたって蛍光が発生しており，ラマンピークが観察されていない．

　この試料を785nmの長波長の励起レーザーを用いて観察した結果を

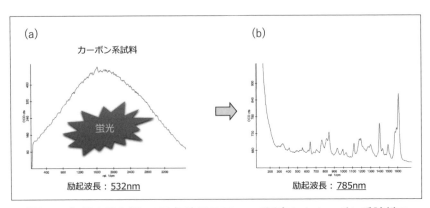

〔図3.10〕蛍光発生例 (a) 励起波長532nmで測定したカーボン系試料のスペクトル (b) 励起波長785nmで測定した結果

図3.10(b)に示す．蛍光を回避でき，ラマンスペクトルが観察されている．ただし，2-6-3「CCD検出器」で説明したように波数$2500cm^{-1}$以上ではCCD検出器の感度が極端に低下するため，ラマンスペクトルは測定できない．

同様に，図3.11にジェル状歯磨きペーストを測定した例を示す．図3.11(a)には，532nmの励起レーザーで観察した結果を示す．大きな蛍光が観察され，明確なラマンスペクトルは観察されていない．同じ試料を785nmの励起レーザーで観察した結果を図3.11(b)に示す．蛍光が回避され，骨格振動領域のラマンスペクトルが観察されている．しかし，前述したとおり，$2500cm^{-1}$以上は観察されていない．

この試料を488nmの励起レーザーで観察すると，図3.11(c)に示すように，骨格振動領域からC-H振動伸縮領域まで観察することができている．さらに，$3300cm^{-1}$付近のO-Hの振動伸縮領域のブロードなピークも観察されており，試料にH_2Oが含まれていることを示唆している．

このように蛍光が生じた場合，ある特定の波長を吸収して蛍光を示す試料も存在するため，長波長側の励起レーザーだけでなく，可能であれば短波長のレーザーでも測定を試みると良い．

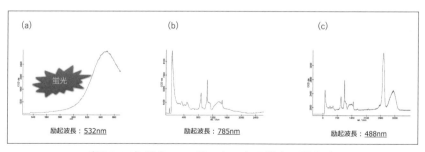

〔図3.11〕励起レーザー光による蛍光の現れ方
(a) 励起波長532nm (b) 励起波長785nm (c) 励起波長488nm

蛍光対策の他の方法として，試料を水に入れても問題ない場合は，5-2-5「紙・木材」のアプリケーションで示すように，水中で観察を行うことで蛍光を低減させることができる場合がある．水浸用対物レンズを使用し，図 3.12(a) に示すように，試料を純水中に置くか，試料上に純水を滴下して，試料と対物レンズの間に水のピラー（柱）を作って観察する．

水浸対物レンズがない場合は，図 3.12(b) に示すように，試料に純水を滴下し，カバーガラスをかぶせた上でドライ系対物レンズを用いて測定する方法もある．水中の観察でも，試料によっては蛍光や後述 3-2-3「焼損対策」で述べる焼損が発生する可能性があるため，注意が必要である．

3−2−3．焼損対策

赤外分光に比べて，ラマン分光では可視光領域のレーザー光を使用するため，エネルギーが高く，試料が焼損することがある．試料が焼損したかどうかは，観察前後の光学顕微鏡像で変化があるかどうかを確認す

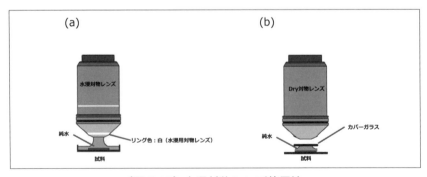

〔図 3.12〕水浸対物レンズ使用法
(a) 水浸対物レンズ (b) Dry 系対物レンズでの対応例

るとよい．焼損がある場合は，図3.13に示すように，測定後に試料に焼けや溶解の跡が見られることがある．鉄さびの場合は，還元されて白くなることもある．

また，光学顕微鏡像で変色等が観察されなくても，図3.14に示すように，繰り返し観察を行っているうちにベースラインが上昇し，ふらつく現象が見られる場合は，試料が焼損している可能性が高い．

その他レーザーによって試料が別な組成に変化する場合もある．例えばVO_2試料の場合，励起レーザーによって容易にV_2O_3へ変化する．この場合，V_2O_3の新しいラマンピークが出現するが，光学顕微鏡でわかる焼損やラマンスペクトルのベースラインの上昇等の変化は見られない．

焼損が疑われる場合は，レーザー強度を下げて測定を行う．また，前述の水中での観察や，蛍光対策と同様に長波長での観察が可能であれば，それも検討する．一度焼損した場所では，試料が炭化している可能性があるため，別の場所で測定を行わなければならない．

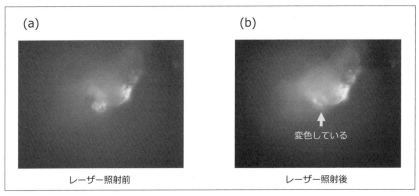

〔図3.13〕試料焼損例 (a) レーザー照射前の光学顕微鏡像 (b) レーザー照射後

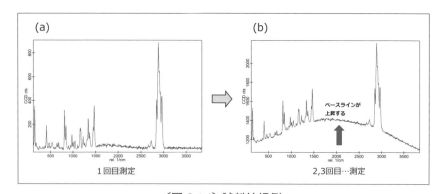

〔図3.14〕試料焼損例
(a) 測定1回目のラマンスペクトル (b) 繰り返し測定後のラマンスペクトル

3−2−4．信号強度・S/N の改善

ラマンスペクトル測定において，期待したスペクトルの信号強度やS/N（Signal to Noise ratio）が得られないことがある．1-3「赤外分光とラマン分光」で述べたように，元々ラマン活性のない試料も存在するが，ラマン信号強度が弱く，S/N が悪い場合は，次のような対策をとることで改善されることが期待される．

・積算時間

積算時間（測定時間）を長くすると，微弱なラマンピークも強度が改善されることがある．ラマンスペクトル測定の場合，現実的な測定時間内であれば（例えば，積算時間が1秒でピークが得られなかった場合，積算時間を10秒や100秒にする），最も効果的な対策方法である．

・レーザー強度

レーザー強度を上げるとラマン強度が上がる．式 (2.1.1) で示すよう

に，ラマン強度 I_R は，励起レーザー強度 I_L に比例する．「励起レーザーの強度は弱ければ弱いほど良い」と書かれている書籍もあるが，3-2-3「焼損対策」で述べた試料に焼損が起こらない限り，励起レーザーの強度を上げることは，ラマン信号強度の向上につながる．

・グレーティングの選択

分光器のグレーティングは，2-6-2 で説明したように，刻印数が大きくなると波数分解能が高くなるが，信号強度は小さくなる．1800g/mm のグレーティングを使用してラマンピークの強度が得られなくても，600g/mm のグレーティングを使用することで強度が得られることがある．たとえば，600g/mm でラマンピークが観察できた場合，さらに波数分解能が必要な場合には，1800g/mm のグレーティングを使用して積算時間を長くして測定を行うようにする方がよい．

・対物レンズの選択

2-3「対物レンズ」で述べたように，対物レンズの透過率（Throughput）により信号強度が弱くなることがある．例えば，×100 N.A.0.9 の対物レンズでは，表2.2 に示した通り，透過率が40% 程度であり，総合的な透過率は励起レーザーの透過と散乱光の集光で，対物レンズを2回通過するために 0.4 × 0.4 で 16% 程度となる．これに対して，×20 の対物レンズを用いるとトータルの透過率は 80% になり，信号強度が強くなる．

なお，励起レーザーのスポットサイズ D は次の式で表される．

$$D = 1.22 \times \frac{\lambda}{N.A.} \quad \cdots\cdots\cdots\cdots\cdots\cdots\cdots\cdots\cdots (3.2.1)$$

532nm の励起レーザーを用いた場合，N.A.0.9 の対物レンズではビー

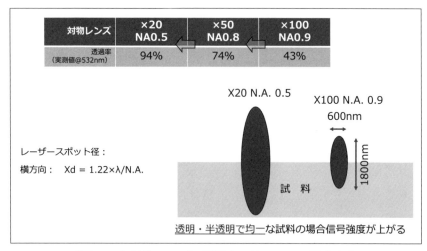

〔図3.15〕対物レンズの透過率の違いによる強度変化

ム径が約600nmとなるが，N.A.0.4の対物レンズでは1600nmとなる．試料が均一または透明な場合，励起される領域が広がることで信号強度が強くなることがある．しかし，後述するラマンイメージングにおいては，励起レーザーのスポットサイズが大きくなると，隣接する成分からの信号が混入するという問題が発生する．詳細は3-3-3「2次元ラマンイメージの分解能」，および3-4-2「深さ方向ラマンイメージの分解能」を参照されたい．

また，対物レンズのN.A.が不足することにより，目的の信号が得られないことがある．図3.16にガラス基板上にあるSi薄膜の観察例を示す．×50 N.A.0.8の対物レンズを用いて測定した結果，Siの520cm^{-1}のラマンピークの強度はわずかにしか現れていない．しかし，×100 N.A.0.9の対物レンズを用いて測定すると，相対的にSiの強度が向上し，明瞭なSiの1次ピークである520cm^{-1}のピークが観察されている．

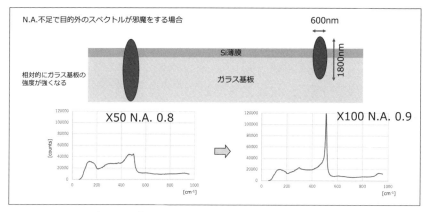

〔図3.16〕対物レンズN.A.の違いによる強度

このように，目的の結果が得られない場合には，対物レンズを変更して観察を行うことで問題の解決につながることがある．

3-3. 2次元ラマンイメージング

1-2「ラマン分光法とは」で述べたように，ラマンスペクトルを解析することにより，試料の化学的特性から多くの知見を得ることができるが，顕微ラマン分光法によりサブミクロンの分解能でラマンイメージングを行うことが可能となった．

3-3-1. 2次元ラマンイメージング法

ラマンイメージングは，2次元の走査範囲を1点1点でラマンスペクトルを取得して進めていく．データ取得は以下のように行う．

まず，顕微鏡像でラマンイメージングを行う走査領域を指定し，測定点数を設定する．測定点数の目安としては50×50画素から150×150画素程度が適当である．50画素より少なくなると，画像としてはモザ

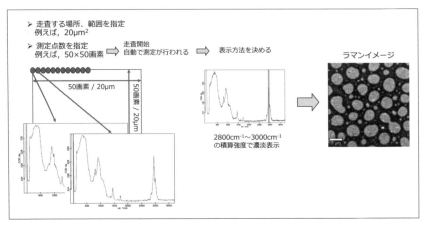

〔図3.17〕ラマンイメージング手法

イク模様になってしまう．また，150画素より多くなると，スペクトル1点を測定する積算時間にもよるが，測定時間が長くなる．

また，走査領域に対する測定点数は，3-3-3「2次元ラマンイメージの分解能」で解説する分解能を考慮しなければならない．例えば532nmの励起レーザーでN.A. 0.8の対物レンズを用い，$3\times3\mu m^2$の領域を150×150画素で測定するという指定では，理論的空間分解能が340nmに対して測定間隔が20nmとなり意味をなさなくなる．少なくとも空間分解能の半分程度以上（150nm）の測定間隔になるように設定する必要がある．

走査測定を開始すると，通常は左上の走査開始点に移動し，指定された積算時間でラマンスペクトルを測定する．その後，次の測定点に移動してスペクトルを測定する．この測定を繰り返し，指定した領域を測定していく．

最終的に，ラマンイメージを作成するためには，積算表示を行う波数を指定する．これにより，走査中に指定した波数範囲に入るラマンピークの強度でイメージが表示される．装置によっては，4-2「ケモメトリックス」で述べる処理を行い，走査中に表示することもできる．

ラマンイメージングのコツは，積算時間の設定にある．ラマンスペクトル測定では，ラマンスペクトルが最終結果となるため，強度とS/Nを重視して測定が行われる．しかし，図3.18(a)に示すように，積算時間を3秒でラマンスペクトルを測定し良好な結果が得られた場合，そのままラマンイメージングで150×150画素で測定を行うと，測定時間は約19時間にもなる．

1イメージの測定に19時間もかかるのは現実的ではなく，19時間の測定中に試料のドリフトなどが発生し，最後まで意図した通りに測定が

❖ 3．ラマン分光測定

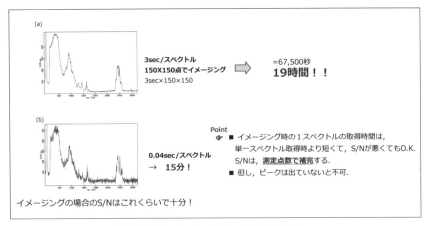

〔図 3.18〕ラマンイメージングのこつ

できない場合が多い．そこで，1スペクトルを 0.04 秒で測定してみると，図 3.18(b) に示すようにスペクトルの S/N は悪化するが，ラマンピークは観察できている．1スペクトル 0.04 秒であれば，総測定時間は約 15 分で終了する．ラマンイメージングの最終結果は次の 3-3-2「ラマンイメージ解析法」で示すように画像であるため，スペクトルの S/N の悪さは大きな問題とならない．

特定の場所のラマンスペクトルを提示する必要がある場合，その場所の測定点の周囲 3×3 点の平均をラマンスペクトルとして表示すれば，S/N の良いスペクトルを得ることができる．

3-3-2．ラマンイメージ解析法

得られたデータ（ラマンスペクトルデータが 2 次元に配列されたデータ）は，1-2「ラマン分光法とは」で述べた解析方法がそのまま 2 次元のラマンイメージにも適用できる．次の解析を行う前に，後述の 4-1-1「宇

宙線除去」，および必要に応じて4-1-2「バックグラウンド除去」処理を行ってから解析を行うと良い．

ここでは，一例として，基板上にCVD法で成長させたダイヤモンド薄膜の2次元ラマンイメージの解析を用いて説明する．ラマンイメージの取得条件は，走査範囲 $50 \times 50 \mu m^2$，測定画素数 256×256 画素，積算時間 50msec/画素で得られたものである．

① 強度分布

ダイヤモンド試料では，$1332cm^{-1}$ に鋭いピークが現れるため，このピークの積算強度を用いてイメージを作成することで，ダイヤモンドの分布イメージを得ることができる（図 3.19 参照）．

② 不純物分布

ダイヤモンド薄膜であるため，$1332cm^{-1}$ 以外にピークは現れないはずであるが，成膜過程で不純物が混入すると蛍光を示すことがある．図3.20 に示すように，$1332cm^{-1}$ 以外の部分での積算強度を用いてイメージを作成すると，不純物の分布イメージを得ることができる．

この試料では，ダイヤモンドのグレインとグレインの間に不純物が存

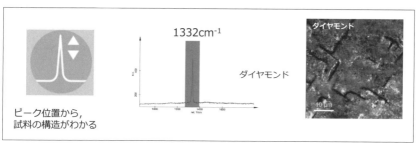

〔図 3.19〕強度分布

◆ 3. ラマン分光測定

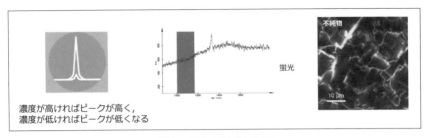

〔図 3.20〕不純物分布

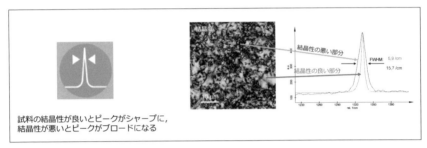

〔図 3.21〕結晶度

在していることが確認できる.

③結晶度

ダイヤモンド薄膜の結晶性が良好であれば，ピークはシャープになるが，結晶性が劣る場合はピークがブロードになる．結晶性の評価においては，ピークの半値幅でイメージを作成することで，薄膜の結晶度の分布イメージを得ることができる（図 3.21 参照）．

半値幅を求める方法としては，単純にピーク高さの半値幅を取ることも可能であるが，4-2-2「ピークフィッティング」で述べるように，フィッティングを行ってから半値幅を算出することもある．

④残留応力

　ダイヤモンド薄膜の面内に圧縮応力が加わると，ラマンピークは高波数側へシフトし，引張応力が加わると低波数側へシフトする[1][2][3]．波数のシフト量に基づいて，定量的な力に換算することが可能である．ラマンピークの波数シフトと応力の関係は，一般的に次の式で表される．

$$\sigma = \frac{\Delta\omega}{C} \quad \cdots\cdots\cdots\cdots\cdots\cdots\cdots\cdots\cdots\cdots\cdots\cdots\cdots\cdots\cdots\cdots\cdots\cdots\cdots (3.3.1)$$

　ここで，σ は残留応力，$\Delta\omega$ はラマンピークのシフト量，C はラマン応力係数 [cm^{-1}/GPa] であり，材質に依存する．ダイヤモンドでは，$C=2.5$ [cm^{-1}/GPa]，Si の場合は $C=4.6$ [cm^{-1}/GPa] とされている．

　ダイヤモンド薄膜で 1332cm^{-1} から 1332.5cm^{-1} へ +0.5cm^{-1} のピークシフトがあった場合，残留応力 σ は次のように求められる．

$$\sigma = \frac{0.5}{2.5} = 0.2 [GPa]$$

となり，0.2GPa の圧縮応力がかかっていることになる．

　図 3.22 は，波数シフトによって画像化したものであり，ダイヤモンド薄膜のグレインの端に引張応力が働いていることがわかる．

〔図 3.22〕残留応力

波数シフトを求める方法としては,前述の「結晶度」で述べたように,フィッティングを行ってからピークシフトを算出することもある.

このようにラマンイメージングでは,一度測定を行ってしまえば,後処理(Post processing)によってさまざまな解析を行うことができる.

3-3-3. 2次元ラマンイメージの分解能

ラマンイメージの分解能は,対物レンズの開口数(Numerical Aperture: N.A.)[4]と励起レーザー光の波長によって決まる.対物レンズの開口数N.A.は,対物レンズの焦点が試料に合った位置で,試料表面に点光源が存在する場合を考える.

この時,対物レンズが集光できる最大の角度をαとすると,開口数N.A.は次の式で表される.

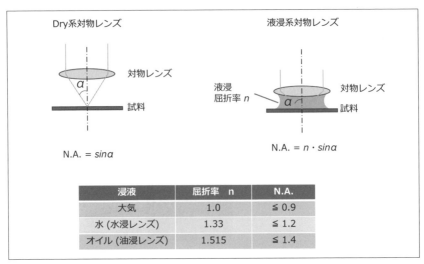

〔図 3.23〕対物レンズ開口数 N.A.

$$N.A. = n \cdot \sin\alpha \quad \cdots\cdots\cdots\cdots\cdots\cdots\cdots\cdots\cdots\cdots\cdots\cdots\cdots\cdots\cdots (3.3.2)$$

n は対物レンズと試料間の物質の屈折率を表す．大気中であれば，$n=1.0$ となる．大気中で使用される対物レンズの場合，開口数は最大でおおよそ 0.9 程度である．試料と対物レンズの間に水や油（対物レンズ専用の油）を入れて観察する液浸タイプの対物レンズでは，屈折率 n が液体によって大きくなるため，開口数は 1.0 を超えることがある．特に油浸対物レンズの場合，開口数は 1.4 程度に達する．

分解能の定義について説明をおこなう．ピンホールに平行光を照射したとき，遠方のスクリーン上に同心円状のパターンが投影される．これをエアリーディスク（**Airy Disk**）[5] と呼ぶ．

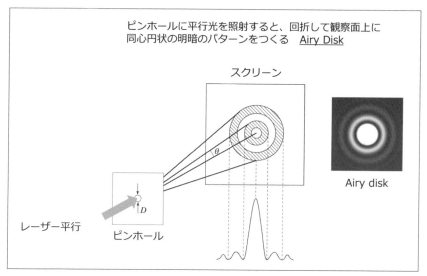

〔図 3.24〕Airy Disk

Airy Diskの強度 $I(\theta)$ は下記の式フラウンホーファー回折強度で表される.

$$I(\theta) = I_0 \left(\frac{2J_1(ka\sin\theta)}{ka\sin\theta}\right)^2 = I_0 \left(\frac{2J_1(x)}{x}\right)^2 \quad \cdots\cdots\cdots\cdots (3.3.3)$$

ここで,
I_0：回折像の中心強度
J_1：Vessel 関数
a：開口部の穴径
θ：視野角
k：$2\pi/\lambda$ 波数
である.

2個のAiry Diskを観察した際,開口数が大きいと完全に分離して観察できるが,開口数が小さくなると2つのAiry Diskは重なって見えるようになる.Airy Diskが分離して見える距離を分解能として定義して

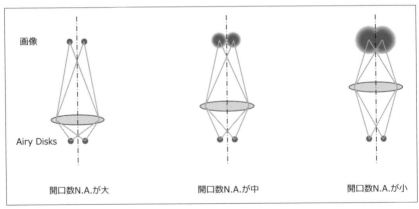

〔図3.25〕開口数 N.A. の違いによる対物レンズ分解能

いる.

ここで，どこまで分離できているかを示す係数は，以下のようになる.

Rayleigh Limit:　　　　$\Delta x = 0.61 \times \lambda / \text{N.A}$
Abbe Limit:(FWMH)　　$\Delta x = 0.51 \times \lambda / \text{N.A}$
Sparrow Limit:　　　　$\Delta x = 0.47 \times \lambda / \text{N.A}$

現在，実験値とよく一致し，用いられているのは，半値幅 FWMH を利用した式 $\Delta x = 0.51 \times \lambda / \text{N.A}$ である．532nm のレーザーを用いた場合の各対物レンズの横方向の理論分解能を図 3.26 に示す．

上式で示すように分解能に対物レンズの倍率はパラメータとして入っていない．分解能は波長と開口数によって決まる．一般に倍率の高い対物レンズは開口数も大きくなる傾向があるが，倍率が高い対物レンズが分解能も高いというのは正確ではない．

532nm の励起波長で N.A.=0.9 の対物レンズを用いた場合，横方向の

$\Delta x = 0.51 \times \lambda / \text{N.A.}$　回折限界

浸液	N.A.	分解能Δx
大気	0.9	301nm
水 (水浸レンズ)	1.2	226nm
オイル (油浸レンズ)	1.4	193nm

$\lambda = 532\text{nm}$ で計算

〔図 3.26〕対物レンズ分解能

※ 3. ラマン分光測定

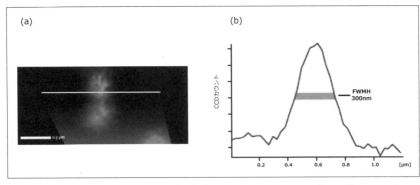

〔図 3.27〕ラマンイメージング分解能 (a) ラマンイメージ (b) プロファイル

分解能は 300nm となる．実際にカーボンナノファイバーを測定した例を図 3.27 に示す．

直径が数十 nm 程度のカーボンナノファイバーのラマンイメージングを行い，$1600cm^{-1}$ の G バンドの強度で表示した画像を図 3.27(a) に示す．画像上に示したラインでのラインプロファイルを図 3.27(b) に示す．ラインプロファイルで強度の半値幅は 300nm となり，理論的分解能と一致している．現在，ほとんどの装置において，横方向の分解能は理論的分解能を達成している．

3-3-4．凹凸が大きい，傾いた試料の測定

後述の 3-4-2「深さ方向ラマンイメージの分解能」で述べるように，深さ方向の分解能（約 $1\mu m$ 程度）に相当する試料の凹凸や傾きがあると，ラマン散乱強度が極端に低下し測定が困難となる．このため，試料表面に常に焦点を合わせて走査を行う必要があり，以下のような方法が考案されている．

・平面で補正

　試料表面が平坦であるものの,試料の置き方により全体が傾いている場合がある.3-1-1「固体・粉体試料」で述べたフィルム等薄い試料の固定方法ではほとんど傾きは発生しないが,バルク試料の場合は注意が必要である.走査範囲が数 $10\mu m^2$ 以上になると,走査開始点と終了点の間で傾きが生じていると考えた方が良い.

　装置によっては,走査範囲内の任意の3点でスペクトルを連続測定し,焦点を合わせてラマン散乱強度が最大となるように3点の高さ方向の位置を測定することができる.3点の位置が決まると,それら3点を通る平面を計算し,その平面に沿って走査を行う機能がある.この機能は,測定ソフトウェアのみで実現できるため,多くの装置で実装されている.

　図 3.28(a) に,液体薬剤を噴霧してスライドガラス上に分散させた試料を $100 \times 100\mu m^2$ でラマンイメージングした結果を示す.スライドガラスがわずかに傾いており,走査が進むにつれてラマン散乱強度が低下している.

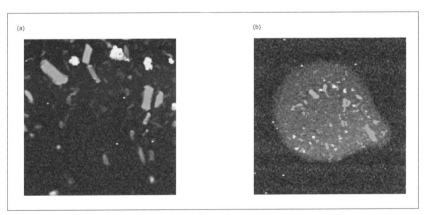

〔図 3.28〕平面で傾斜補正

図 3.28(b) では,任意の 3 点で平面を作成し,その平面に沿って 300×300μm^2 で走査したラマンイメージを示す.広範囲にわたってラマン強度を維持しながら測定が行われている.

・1 点 1 点でスペクトル強度を測定して補正

前述の「平面で補正」方式では,試料が平坦でなく,凹凸が不定形な場合には対応が難しい.そこで,走査測定の各点で高さ方向に走査を行い,指定した波数領域のラマンスペクトルの積算強度が最大となる位置を焦点が合った位置としてラマンスペクトルを取得する方法が用いられる(図 3.29 参照).

この機能は,測定ソフトウェアによって実現可能であるため,多くの装置で実装されている.問題点としては,各点で高さ方向の走査を行うため,測定に時間がかかることが挙げられる.また,指定した波数領域にラマンピークが現れない場合,焦点位置が決定できなくなるという課題もある.

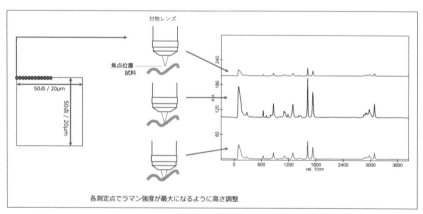

〔図 3.29〕1 点 1 点でスペクトル強度を測定してラマンイメージの取り込み方法

・自動焦点補正機能を用いて補正

前述の「1点1点でスペクトル強度を測定して補正」する手法では，凹凸のある試料にも対応できるものの，測定時間などの面から実用的とは言い難い．そのため，自動的に焦点を合わせる機能が開発されている．

一例として，励起レーザー光とは異なる波長の赤外光を励起レーザーの焦点位置に照射し，反射してきた赤外光の強度が最大になるように，常時高さ調整（フィードバック制御）を行う機能が開発されている．このような機能は，多くの装置でオプションとして提供されている．

図3.30に薬錠剤の観察例を示す．図3.30(a)は，5mm四方の光学顕微鏡像のモンタージュ像で，錠剤に刻印された凹凸が観察されている．

常時高さ方向にフィードバックを行うことで，その高さ位置で画像を

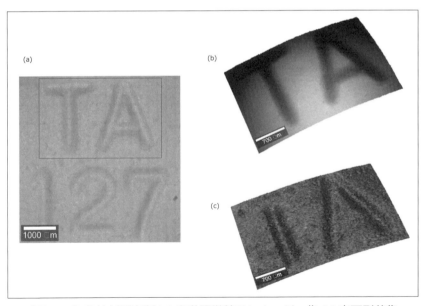

〔図3.30〕薬錠剤観察例 (a) 光学顕微鏡モンタージュ像 (b) 表面形状像
(c) 表面形状像とラマンイメージの合成像

作成し,試料の表面形状像を得ることができる.図3.30(b)には,試料の表面形状像が示されており,刻印部分は約300μmの深さがあることがわかる.図3.30(c)には,表面形状像にラマンイメージを重ね合わせた像を示しており,薬錠剤の賦形剤と薬剤(active pharmaceutical ingredient: API)の2成分が確認できる.薬剤が島状に均等に分布していることがわかる.

3-4. 深さ方向のイメージング

ラマンイメージング法では,透明・半透明な試料に対して深さ方向のイメージング (Depth Scan) を行うことができる.

3-4-1. 深さ方向ラマンイメージング法

励起レーザーの波長に対して透明・半透明な試料であれば,1ライン走査後に深さ方向 (Z方向) に走査することで,試料の深さ方向のイメージングを行うことができる.結果として得られるラマンイメージは,XY平面ではなく,XZ平面となる.

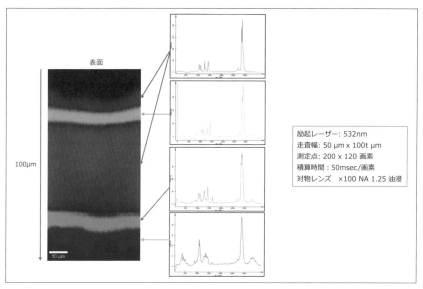

〔図3.31〕多層ポリマーの深さ方向ラマンイメージング

図3.31に多層フィルムの深さ方向ラマンイメージを示す．深さ方向のサイズは，対物レンズの移動距離（走査距離）で示されており，実際の膜厚は，試料の屈折率を考慮しないと正しい値とならない．深さ方向イメージングの場合は注意が必要となる．

図3.32に試料の屈折率を考慮した場合の計算方法を示す．

3-4-2．深さ方向ラマンイメージの分解能

深さ方向のラマンイメージングの分解能 Δz は，横方向の分解能のように確立した式があるわけではないが，簡単な式で表すと次のようになる．

$$\Delta z = 1.41 \times \frac{n \cdot \lambda}{N.A.^2} \quad \cdots\cdots\cdots (3.4.1)$$

ここで，n は試料の屈折率を表す．仮に n = 1.0 とし，532nm の励起波長で N.A. 0.9 の対物レンズを使用した場合，深さ方向の分解能は

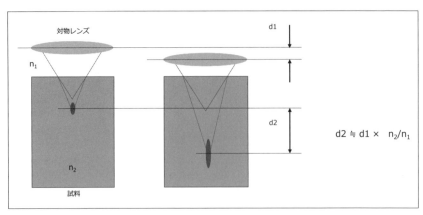

〔図3.32〕試料屈折率による深さ方向の距離

900 nmとなる．これは，同じ対物レンズを使用した際の横方向の分解能の3倍に相当する．深さ方向の分解能は，おおよそ次のような式で表される．

$$\Delta z \cong 3.0 \times \Delta x \quad \cdots\cdots\cdots\cdots\cdots\cdots\cdots\cdots\cdots\cdots\cdots\cdots\cdots\cdots\cdots (3.4.2)$$

このような分解能の違いから，深さ方向のイメージングでは，深さ方向に画像が伸びて観察される．

また，試料中に不純物のような不透明な物質が存在すると，励起レーザー光が吸収されるため，その物質より深い場所の信号強度が弱くなり，ラマンピークの積算強度で表示すると暗く表示される．

3-5. 3次元ラマンイメージング

3-5-1. 3次元ラマンイメージング法

3次元のラマンイメージの測定方法は，次のようにして取得される．透明・半透明の試料に対して表面から2次元ラマンイメージングを行い，1面の走査が終了したら深さ方向（z方向）に移動して，再度2次元ラマンイメージングを行うことを繰り返すと，深さ方向に複数の2次元ラマンイメージが得られる．この2次元ラマンイメージをソフトウェアで3次元に構築すると，3次元のラマンイメージが得られる．

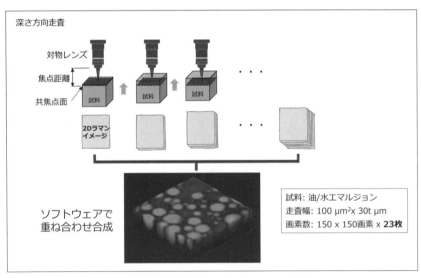

〔図 3.33〕3D ラマンイメージング法

3−5−2．3次元ラマンイメージ作成方法

 2次元ラマンイメージのスタックから自動的に3次元ラマンイメージを構築するソフトウェアが機器に付属している場合もある．付属していない場合は，Image-J[6][7]などのソフトウェアを用いて手動で3次元像を作成する．（Image-Jはフリーソフトウェアでwebより入手可能）

 Image-Jを用いた3次元像の作成方法について述べる．3次元走査で得られた各2次元ラマンイメージに対して4章「ラマンデータ解析法」で述べるような処理を行い目的とするラマンイメージを作成する．作成したラマンイメージは，image01.bmp, image02.bmp・・・のようにシリーズの名前を付けて，bmpやjpg形式で同一のフォルダに保存する．（フォルダ名は安全のため英文で作成することを推奨する）
 測定例として，はちみつ中に含まれるいくつかの糖と花粉の測定データを使用する．ラマン測定条件は次の通り．

測定範囲：$85 \times 85 \times 60t\mu m^3$　　測定点数：255×255 画素 $\times 8$ 層
積算時間：12msec/ 画素　　測定時間：112min
励起レーザー：488nm　　グレーティング：600g/mm

 4-2-3「クラスタリング」で述べる処理を行い抽出された糖のラマンイメージを図3.34に示す．この8枚のイメージデータを"image00・・・image07"として同じフォルダに保存しておく．

3. ラマン分光測定

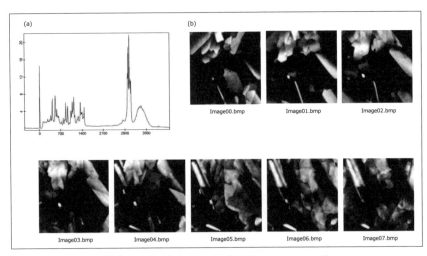

〔図 3.34〕はちみつの 3D ラマンイメージ
(a) 糖のラマンスペクトル (b) 深さ方向糖のラマンイメージ

Image-J を起動させると次のようなメニューが表示される．

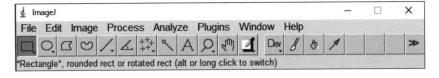

メニューから"File"→"Import"→"Image Sequence…"を選択する．

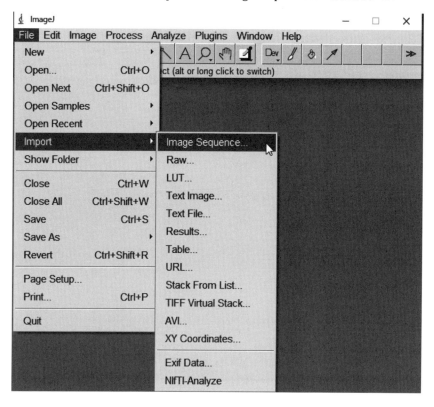

✣ 3．ラマン分光測定

画像データを保存しておいたフォルダを指定する．

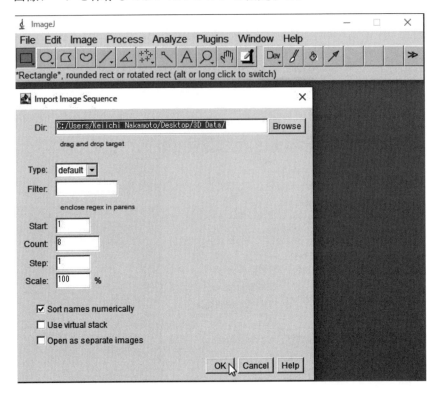

ウィンドウが表示され読み込まれた画像が表示される．ウィンドウ上でマウスホイールを回すと読み込んだ画像を切り替えられ，上下矢印キーで画像の拡大縮小ができる．

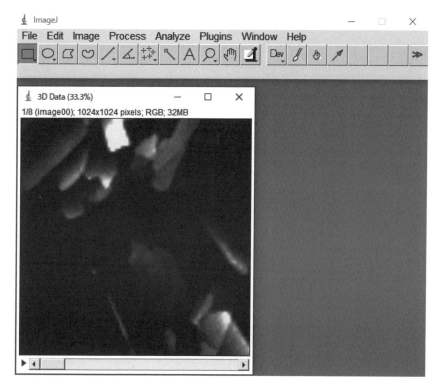

✥ 3．ラマン分光測定

メニューから"Plugins" → "3D" → "Volume Viewer"を選択する．

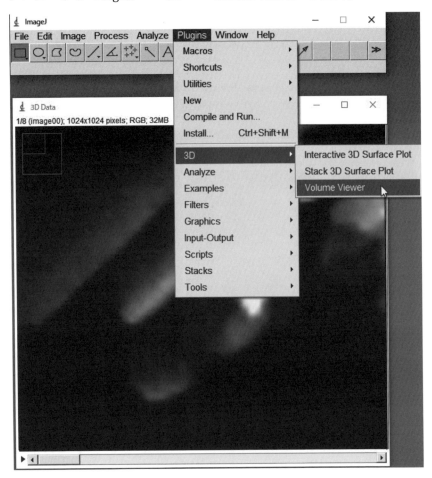

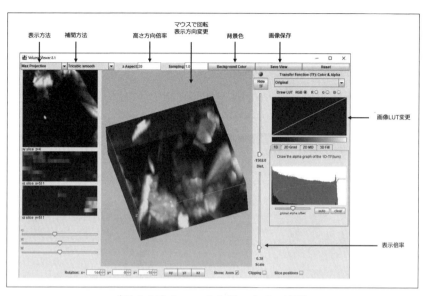

〔図 3.35〕ImageJ を用いた 3D 表示

3D 表示ウィンドウが開き，3D 画像が表示される．パラメータを調整して見やすい画像にする．

◆ 3．ラマン分光測定

　2つ以上のラマンイメージを合成するには，それぞれのラマンイメージを異なったカラーで作成して，メニューから"File"→"Import"→"Image Sequence…"をそれぞれ読み込む．

　メニューから"Process"→"Image Calculator…"を選択する．

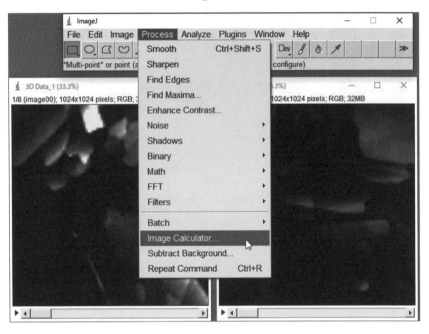

2つのウィンドウのデータを重ね合わせて, 新しいウィンドウを作成する.

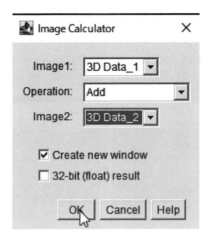

3. ラマン分光測定

2つの画像をマージしたデータが作成されるので，メニューから"Plugins" → "3D" → "Volume Viewer"を選択して3D画像を表示させる．

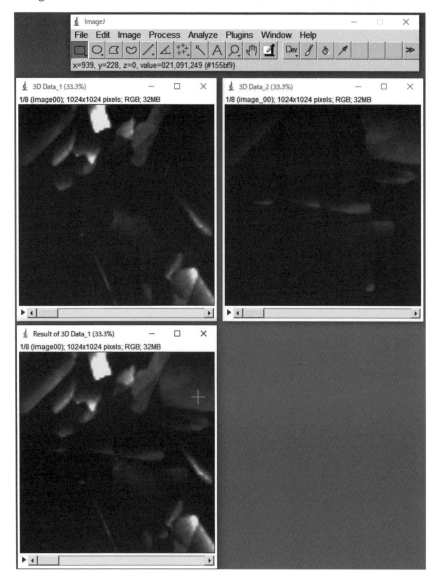

参考文献

[1] P. Gundel, M.C. Schubert and W. Warta, *Phys. Status Solidi A*, 207, 436 (2010)

[2] A.M. Gigler, A.J. Huber, M. Bauer, A. Ziegler, R. Hillenbrand and R.W. Stark, *Optics Express*, 17, 22351 (2009)

[3] T. Wermelinger, C. Borgia, C. Solenthaler and R. Spolenak, *Acta Materialia*, 55, 4657 (2007)

[4] 岸川利郎, ユーザーエンジニアのための光学入門, オプトロニクス社 (1990)

[5] Eugene Hecht 尾崎 義治 (翻訳), 朝倉 利光 (翻訳), 原著 5 版 ヘクト 光学 I, 丸善 (2018)

[6] 三浦 耕太, 塚田 祐基, ImageJ ではじめる生物画像解析, 秀潤社 (2016)

[7] Jurjen Broeke, *Image Processing With Imagej*, PACKT (2015)

4

ラマンデータ解析法

本章では，ラマンスペクトルやラマンイメージを解析する際に必要な解析方法ケモメトリックスに関する解説を行う．

　得られたラマンスペクトルに対して適切な後処理（post processing）を実施することは，正確な解析を行うために非常に重要である[1]．単一のラマンスペクトルの解析であれば，特別な解析手法を用いる必要はないが，ラマンイメージングのように何千，何万ものスペクトルデータを扱う場合，コンピュータを用いた解析が必須となる．

　また，多数のスペクトルから有用な情報を効率的に抽出する手法として，計量学（メトリックス）を化学の分野に取り入れたケモメトリックス（Chemometrics）があり，ラマンスペクトル解析においては欠かせない手法である．

　さらに，機械学習を用いた分析も，近年の技術進展により，Pythonといったプログラミング言語を用いることで，より手軽に実行できるようになってきている[2][3][4]．簡単なPythonによる解析を，コラムで紹介する．

　ここで述べる各処理機能は，装置メーカーにより標準装備か，オプションになっているものもある．また，処理機能のソフトウェア上の名称は，メーカーによって異なっていることがある．本書では，一般的な名称で記述している．

4－1．解析前処理

　ケモメトリックスを用いてラマンスペクトルおよび，ラマンイメージの解析を行う前に，基本的なデータ処理を適切に実施することが重要で

ある。これにより、解析の精度が向上し、得られる結果の信頼性を確保できる。以下に、データの解析を始める前に実施すべき基本的なデータ処理について述べる。以下に述べる解析前処理は、ほとんどの装置に標準で装備されている（名称や使用方法は異なる場合がある）。

また、より細かい処理を行いたい場合は、スペクトルを '.csv' 形式（Comma Separated Values）やテキスト形式で保存して Python のモジュールを使えばわずか数行で処理を行うことができる。

・宇宙線除去（Cosmic Ray Removal）

ラマン分光の測定中に、宇宙線などの外的要因により異常なピークが現れることがある。これを放置すると、ラマンイメージにスポットノイズとして現れることがあり、解析に影響を与える。

宇宙線ノイズは外的要因によるもので、解析の本質にかかわるものではないので、最初に宇宙線の除去を行うべきである。システムに搭載されたソフトウェアやアルゴリズムを使用して、異常なスペクトルデータを検出し、補正する処理を行う。

装置によっては、測定中に宇宙線除去の機能を実施できるものもある。

・バックグラウンド除去（Baseline Correction）

ラマン測定では、試料が蛍光を発する場合や、測定装置の影響によりバックグラウンドノイズが含まれることが多い。バックグラウンドが高いままだと、ピークの正確な強度や位置がわからなくなり、誤った解析結果につながるため、バックグラウンド除去は非常に重要な処理である。これには、多項式フィッティングを用いた補正法が一般的に使用される。

・ノイズフィルタリング（Noise Filtering）

特にラマンイメージングのように大量のデータを扱う際には，微小なノイズがデータに含まれることがある．スペクトルの平滑化やフィルタリング処理を行い，ノイズを低減することによって，ピークの検出がより正確になる．一般的な手法としては，Savitzky-Golay フィルターや移動平均フィルターが使用される．

これらの基本的なデータ処理を適切に実施することで，ラマンイメージ解析の精度を向上させ，得られたスペクトルから正確な化学情報を引き出すことができるようになる．その後，ケモメトリックスを用いた高度な解析を行う準備が整う．

4－1－1．宇宙線除去

宇宙線（Cosmic Ray）とは，その名の通り宇宙から地球に降り注ぐ高エネルギーの粒子線である．エネルギーの高い宇宙線は，地球の大気や物質を容易に通過することができる．この宇宙線が CCD カメラの素子に当たると，その素子がチャージされ，非常に大きなピークとしてスペクトルに現れる．図 4.1(a) に，宇宙線が入ったスペクトルの例を示す．3600cm^{-1} 付近に宇宙線による鋭いピークが観測されている．

宇宙線の特徴は，非常に強度が強く，幅が極めて狭い（ほとんどの場合，CCD の 1 素子分）点にある．これを防ぐ手立ては存在しない．たとえシールドボックスで CCD カメラを覆ったとしても，宇宙線は容易にそれを突き抜ける．そのため，宇宙線が入った場合，単一のスペクトルで測定時間が短ければ，再度測定を行うことで問題は解決する．しかし，

◆ 4．ラマンデータ解析法

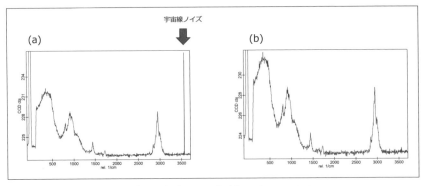

〔図 4.1〕宇宙線ノイズが入ったスペクトル

イメージングのように数千，数万ものスペクトルを測定する場合には，ソフトウェアを用いて数値的に除去するのが一般的である．

　宇宙線は通常，CCD の 1 画素のみを貫くことが多い．このため，ピークの高さをピークの幅で割った値（Dynamic Factor）が一定以上であれば，宇宙線によるピークと判断され，ピーク前後の数値で補完する処理が行われる．図 4.1(b) には，この処理によって除去されたスペクトルを示している．

　まれに宇宙線が飛来する角度によって複数の CCD 画素を貫通することがあり，この場合にはラマンピークと区別がつきにくくなることがある．

4-1-2．バックグラウンド除去

　ラマンスペクトルにわずかに蛍光が乗っている場合，図 4.2 に示すように，スペクトルにバックグラウンドとして現れることがある．このようなバックグラウンドは解析に支障をきたすことがあり，正確な解析結

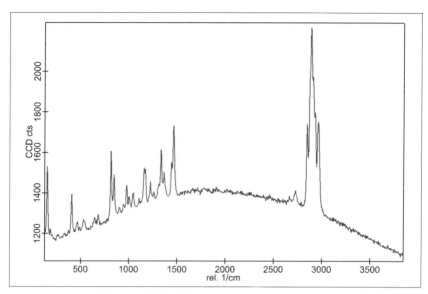

〔図 4.2〕蛍光が載っているラマンスペクトル

果を得るためには,解析を行う前に除去することが推奨される．ただし，3-3-2「ラマンイメージ解析法」で述べたように，蛍光も物質の状態を示すものであるため，バックグラウンド除去を行うかどうかは解析の目的によって判断する必要がある．

　バックグラウンドを除去する際には，多項式を用いて近似し，その値をスペクトルから差し引く方法が一般的である．しかし，近似を行う際，ラマンピークが存在する波数領域では近似がうまくいかない場合がある．

　この問題を解決するためには，ラマンピークがある波数領域を近似計算から除外するように指定して計算を行うと良い．さらに，多項式の次数については，あまり高次のものを使用するよりも，四次程度の多項式を使用する方が良好な結果が得られることが多い．

◆ 4．ラマンデータ解析法

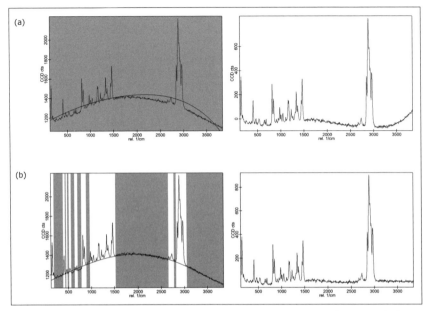

〔図 4.3〕バックグラウンド除去 (a) ラマンピークも計算に含めて四次式でフィッティングを行った場合 (b) ラマンピークを除外してフィッティングを行った場合

以上の宇宙線除去およびバックグラウンド除去の処理は，後述するケモメトリックスによる解析を行う前に実行しておくと良い．これにより，データのノイズや不要な成分が取り除かれ，より正確な解析結果を得ることが可能となる．適切な前処理を施すことで，ケモメトリックスの解析が効果的に行えるようになる．

4−1−3．フィルター処理

ラマンスペクトルに対してスムージング（平滑化）等のフィルターを使用することで，スペクトルをより見やすくすることができる．フィル

ターとしてよく使用される手法には Savitzky-Golay 法がある[5]. ラマンスペクトルの処理でよく用いられる Savitzky-Golay 法には，平滑化と微分の2つがあり，平滑化は，決められた点数を用いて多項式で近似を行い，スペクトルの補完を行う手法である（図4.4参照）．

ただし，平滑化処理は多用すると，信号強度の小さなピークを消してしまうことがあるため，使用には注意が必要である．特にラマンイメージングの解析を行う場合には，フィルター処理を行わずに，4-2「ケモメトリックス」で述べる処理を行った方が良い場合がある．

ラマンピークが明確でない場合，微分処理を行うことでピークの有無がより明確になることが多い．

特に，ラマンスペクトルの S/N 比が良くない場合には，事前に平滑化フィルター処理を施してから微分処理を行うと良い．また，S/N 比がさらに悪い場合には，

平滑化処理 → 1次微分 → 平滑化処理 → 1次微分

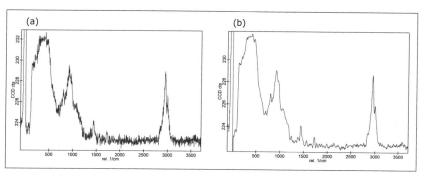

〔図4.4〕Savitzky-Golay 法によるスペクトルの平滑化処理
(a) 元スペクトル (b) 平滑化処理後のスペクトル

4．ラマンデータ解析法

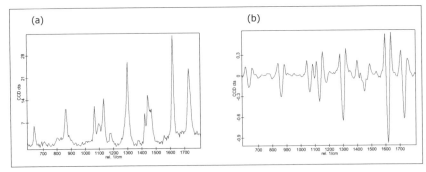

〔図 4.5〕Savitzky-Golay 法によるスペクトルの微分処理
(a) 元スペクトル (b) 2 次微分処理後のデータ

という手順を踏んで2次微分を得ることで，より良い結果が得られる（図 4.5 参照）．このような処理を行うことで，ラマンピークの検出精度が向上し，データ解析が容易になる[4]．

4−1−4．デミキシング処理（de-mixing）

スペクトルにおける「de-mixing（デミキシング）」とは，混合物からそれぞれの成分の個別のスペクトルを分離して抽出する処理である．特に異なる化学物質が重なって1つのラマンスペクトルに現れる場合に重要な手法である．

ラマン分光において，試料が複数の化学成分を含んでいる場合，それらの成分は同時に測定され，1つの混合スペクトルとして取得される．

この混合スペクトルには，複数の化学物質のスペクトルが重なり合っているため，個々の成分を直接判別することが難しくなる．デミキシングは，このような複合スペクトルから各成分に対応する純粋なスペクトルを分離し，成分ごとの寄与を明らかにするために行われる．

デミキシングによって，取得された混合スペクトルをより正確に解釈し，各成分を定量的に分析することが可能となる．一方で，複数の成分が非常に似たスペクトルを持つ場合，正確な分離が難しくなることもある．

また，計算アルゴリズムによっては，分離の精度や結果が異なる場合があり，適切な方法を選択することが求められる．

デミキシングは，スペクトル解析において非常に有効な手法であり，特に複雑な混合物の成分解析において強力なツールとなる（図4.6参照）．

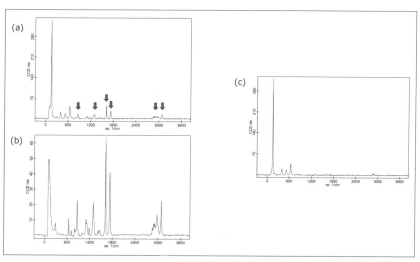

〔図4.6〕(a) 得られたラマンスペクトル (b) 近接する領域にある物質のラマンスペクトル (c) 得られたラマンスペクトルから de-mixing 処理を行って，(b) のスペクトルを除去した結果

コラム　Pythonを用いたスペクトル処理

　以上のスペクトルに対する処理は，ほぼすべての装置で標準的に装備されているが，スペクトル表示の体裁を変更して自分で行いたい場合は，".CSV"形式で保存を行いExcelで表示を行うか，Pythonで処理を行うと自由度が増す．ここでは，Pythonを用いた処理方法の例を紹介する．Pythonは無料で利用することができるインタープリター型の言語で，現在幅広く使用されており，簡単にパソコンにインストールすることができる．インストール方法，基本的な使い方は参考文献を参照[2][3][4]．

　処理を行いたいスペクトルを".txt"や".csv"形式で保存する．ここでは，テキスト形式で保存された"spectrum_data.txt"の内容を示す．

29.4858391221351　　223.639999389648

34.1316535043148　　223.679992675781

38.77509405019　　　223.800003051758

43.4161624661506　　223.600006103516

48.0548604569478　　223.559997558594

52.6911897257034　　223.880004882813

57.3251519739001　　223.800003051758

　　　・　　　　　　　・

　　　・　　　　　　　・

　　　・　　　　　　　・

　1列目が波数，2列目がスペクトルの強度（カウント数）になる．

このテキストデータを読み込んで内容のデータを表示させるプログラムは次のようになる．

```python
# Python の科学技術計算パッケージの読み込み
import numpy

# ファイル名を指定
filename = 'spectrum_data.txt'

# テキストファイルからX（波数）,Y（カウント）読み込む
data = numpy.loadtxt(filename)

# XとYをそれぞれ分ける
x_data = data[:, 0]    # 1列目がXデータ ： は列全部を指定する
y_data = data[:, 1]    # 2列目がYデータ

# データの確認するため表示
print("Xデータ:", x_data)
print("Yデータ:", y_data)
```

実行結果は次のように表示される．

```
Xデータ: [  29.48583912    34.1316535    38.77509405  ・・・
Yデータ: [223.63999939 223.67999268 223.80000305 ・・・
```

また，".csv"形式（Comma Separated Values）のファイルから読み込む場合は，次のように区切りが","であることを指定すれば読み出すことができる．

```python
data = numpy.loadtxt(filename, delimiter=',') # CSV形式のファイルを読み込む場合
```

読み込んだスペクトラムデータをグラフに表示するには，グラフ表示用のパッケージを読み込み，次のように記述する．

```
# Python の科学技術計算パッケージの読み込み
import numpy
# グラフの表示を可能にするパッケージの読み込み
from matplotlib import pyplot

# ファイル名を指定
filename = 'spectrum_data.txt'

# テキストファイルからX（波数）,Y（カウント）読み込む
data = numpy.loadtxt(filename)

# XとYをそれぞれ分ける
x_data = data[:, 0]    # １列目がXデータ ： は列全部を指定する
y_data = data[:, 1]    # ２列目がYデータ

# グラフを描画
pyplot.plot(x_data, y_data, linestyle='-', color='k')
pyplot.xlabel('Wavenumber [cm-1]')    # X軸のラベル
pyplot.ylabel('CCD Count')    # Y軸のラベル
pyplot.title('Spectrum')    # グラフのタイトル
pyplot.show()    # グラフを表示
```

実行させると，次のようなグラフが表示される．

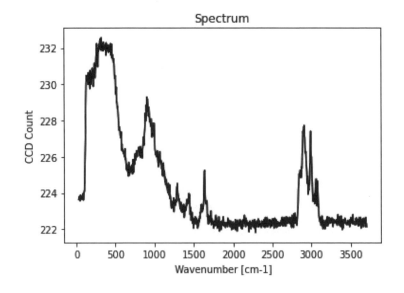

グラフの表示は細かく指定することができる．次によく使用される設定方法を示す．

基本プロットの設定
- plt.plot():
    - x, y: データの座標．
    - color: 線の色（例: 'b', 'red'）．
    - linestyle: 線のスタイル（例: '-', '--', ':', '-.'）．
    - linewidth: 線の太さ（例: 1.5）．
    - marker: データポイントのマーカー（例: 'o', 's', '^'）．
    - markersize: マーカーサイズ．
    - label: 凡例用のラベル．

軸の設定
- 軸ラベル:
    - plt.xlabel('X軸ラベル', fontsize=12): X軸のラベル．
    - plt.ylabel('Y軸ラベル', fontsize=12): Y軸のラベル．
- 軸の範囲:
    - plt.xlim(min, max): X軸の範囲．
    - plt.ylim(min, max): Y軸の範囲．
- 軸目盛:
    - plt.xticks([1, 2, 3], ['A', 'B', 'C']): X軸の目盛値．
    - plt.yticks([10, 20, 30], fontsize=10): Y軸の目盛値．

グリッド
- plt.grid(): グリッドを表示．
    - color: グリッド線の色（例: 'gray'）．
    - linestyle: グリッド線のスタイル（例: '--'）．
    - linewidth: グリッド線の太さ．

凡例
- plt.legend(): 凡例を表示．
    - loc: 凡例の位置（例: 'upper right', 'lower left'）．
    - fontsize: フォントサイズ．
    - frameon: 凡例枠の有無（例: True, False）．
    - ncol: 凡例の列数（デフォルトは1）．

タイトルと注釈
- タイトル:
    - plt.title('タイトル', fontsize=14, color='blue'): プロットのタイトル．
- 注釈:
    - plt.text(x, y, '注釈', fontsize=12, color='red'): 特定の位置に注釈を追加．
    - plt.annotate('注釈', xy=(x, y), xytext=(x_offset, y_offset), arrowprops={'arrowstyle': '->'}): 矢印付き注釈．

色とスタイル
- 色 (color) :
    - 名前（例：'blue', 'red'）.
    - 16進数（例：'#FF5733'）.
    - RGB値（例：(0.1, 0.2, 0.5)）.
- スタイル：
    - plt.style.use('ggplot')：スタイルの適用（例：'seaborn', 'classic'）.

4-1-3「フィルター処理」で説明したSavitzky-Golay法を用いてスペクトルデータにスムージングを行うには，Savitzky-Golayパッケージが用意されているのでそれを利用する.

```
# Pythonの科学技術計算パッケージの読み込み
import numpy
# グラフの表示を可能にするパッケージの読み込み
from matplotlib import pyplot
# Savitzky-Golayパッケージの読み込み
from scipy.signal import savgol_filter

# ファイル名を指定
filename = 'spectrum_data.txt'

# テキストファイルからX（波数）,Y（カウント）読み込む
data = numpy.loadtxt(filename)

# XとYをそれぞれ分ける
x_data = data[:, 0]   # 1列目がXデータ ：は列全部を指定する
y_data = data[:, 1]   # 2列目がYデータ

# Savitzky-GolayフィルターでYデータをスムージングする
# window_length: ウィンドウサイズ（奇数）
# polyorder: フィッティングする多項式の次数
window_length = 11   # 奇数にする必要がある
polyorder = 3
y_smooth = savgol_filter(y_data, window_length, polyorder)

# グラフを描画
pyplot.plot(x_data, y_smooth, linestyle='-', color='k')
pyplot.xlabel('Wavenumber [cm-1]')   # X軸のラベル
pyplot.ylabel('CCD Count')   # Y軸のラベル
pyplot.title('Spectrum')   # グラフのタイトル
pyplot.show()   # グラフを表示
```

実行させると，Savitzky-Golay 法によりスムージングされたスペクトラムが表示される．

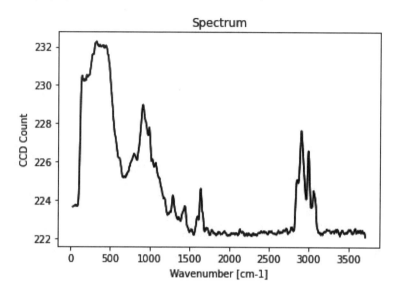

4-1-2「バックグラウンド除去」で説明した処理を行うには，スペクトル部を除外する工夫が必要であるが，それ以外の部分を用いて多項式で近似してバックグラウンドとして除去するには，つぎのような polyfit 関数を使用する．

```
# バックグラウンドとして多項式フィッティング
# 例えば，2次多項式を使う場合
poly_order = 2  # 多項式の次数
background_coeff = numpy.polyfit(x_data, y_data, poly_order)  # フィッティングしたバックグラウンドを計算
background = numpy.polyval(background_coeff, x_data)  # バックグラウンドを除去したデータを計算
y_corrected = y_data - background
```

4-1-1「宇宙線除去」で説明した関数は標準では準備されていないの

で，隣接するデータポイント間の差分を計算し，その差がしきい値 threshold を超える場合にスパイクと見なし，その前後のデータの平均で置き換える関数を定義する．

```python
# スパイク検出のための閾値設定（値はデータに応じて調整する）
threshold = 5   # ここでは5倍以上の急激な変化をスパイクとして定義

# スパイクを除去する関数（Strategy パターンとして）
def remove_spikes(y_data, threshold):
    # 隣接するデータポイントとの差分を計算
    diff = numpy.abs(numpy.diff(y_data))

    # スパイクノイズがあると判断されるインデックスを取得
    spike_indices = numpy.where(diff > threshold * numpy.median(diff))[0]

    # スパイクのあるデータ点を前後のデータで補完する
    y_corrected = y_data.copy()
    for idx in spike_indices:
        if 1 <= idx < len(y_data) - 1:
            # スパイクを前後のデータ点の平均で置き換える
            y_corrected[idx] = (y_data[idx - 1] + y_data[idx + 1]) / 2
        elif idx == 0:
            # 最初の点がスパイクの場合
            y_corrected[idx] = y_data[idx + 1]
        elif idx == len(y_data) - 1:
            # 最後の点がスパイクの場合
            y_corrected[idx] = y_data[idx - 1]

    return y_corrected

# スパイク除去を実行
y_corrected = remove_spikes(y_data, threshold)
```

このように Python を用いると様々なパッケージが用意されているため他の言語に比べて簡単に処理を行うコードを記述することができる．また日々新しいモジュールが開発され追加されているので，前述のような処理もパッケージとして供給される可能性は高い．どのようなパッ

ケージがあるかは，検索することもできるが，ChatGPT を利用してコードを生成させると効率が良い．

ChatGPT へ「X,Y データがテキスト形式で保存されているファイルから data オブジェクトに数値を読み込む Python のプログラムは？」と入力すると，次のようなコードと解説を表示してくれる．

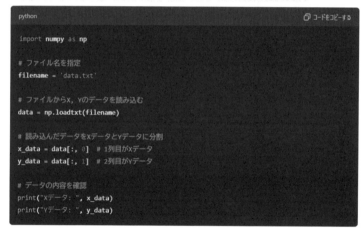

プログラムコード中にコメントも入れてくれるので理解しやすく，他の人とコードを共有する場合や，後にコードを見返す場合にも便利である．

近年はChatGPTにより生成されるPythonのコードが正確になり，そのまま実行させてもエラーが生ぜずに実行できることが多くなってきている．

4-2. ケモメトリックス

ケモメトリックスとは,Savante Wold によって提唱された,ケミストリー (Chemistry) とメトリックス (Metrix) を合わせた造語であり,計量化学を指すものである[6]. ここでは,複雑で多数のスペクトルから必要な情報を取り出す手法を意味する.

ラマンイメージングにおいて,2次元,深さ走査,3次元走査を行うと,数千~数万のラマンスペクトルが得られる. この大量のスペクトルを処理し,例えば数種類の高分子ブレンドポリマーから,ある特定の高分子の分布を表示させるなど,必要な情報を抽出することを目的としている.

4-2-1. 積算表示

積算表示とは,ラマンスペクトルの指定した波数領域において,そのラマンスペクトルの積算強度値を用いて画像を作成する方法である.

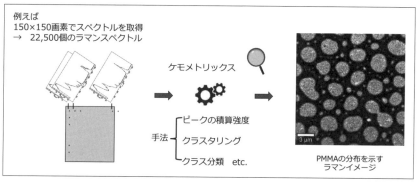

〔図4.7〕ケモメトリックスを用いたラマンイメージの解析

4. ラマンデータ解析法

図 4.8 に PMMA とブタジエンのブレンドポリマーをスライドガラス上に伸展させた試料を，$20 \times 20 \mu m^2$，150×150 画素，40msec/画素でラマンイメージングを行った例を示す．図 4.8(a) に $2920 \sim 2980 cm^{-1}$ で積算表示した PMMA の分布を示す．図 4.8(b) に $2860 \sim 2920 cm^{-1}$ で積算表示したブタジエンの分布を示す．

ラマンスペクトルの強度が強い部分を明るく表示し，強度が弱い部分を暗く表示してある．試料がある特定のラマンピークを持つ場合は，そのラマンピークが含まれる領域で積算表示を行うことで，その試料の分布をイメージングすることができる．

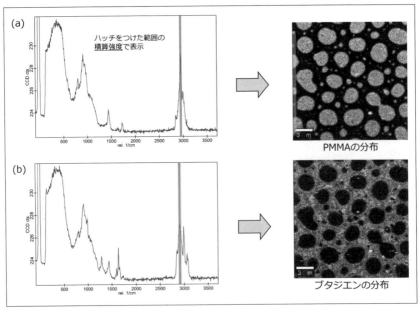

〔図 4.8〕PMMA/ブタジエン
ブレンドポリマー (a) 積算表示で示した PMMA の分布 (b) ブタジエンの分布

4−2−2．ピークフィッティング

ラマンスペクトルのピークを関数でフィッティングすることにより，正確なピーク位置やピークシフト等を数値的に解析することができる．

ラマンピークのフィッティングに利用される関数は，主に次の3つがある．

Gauss 関数（Gaussian）

Gauss 関数は，ピークの形状が非常に滑らかで左右対称である．ピークの周りに広がりがあるが，ピークから離れるにつれて急激に値が小さくなっていく．

このような特性から，Gauss 関数はラマンスペクトルデータのピークが正規分布に従っており，左右対称で滑らかなピークの場合に使用される．ガス分子や液体中のスペクトルのピークのように，ピークが鋭く左右対称の場合によく使用される．

また，ラマンスペクトルのピークがブロード（広がりが大きい）である場合，または強度がばらついている場合にも，Gauss 関数を使用してピークをフィッティングすることがある．

Gauss 関数式を次に示す．

$$y = y_0 + \sum_{i=0}^{n-1} Amp_i e^{-0.5\left(\frac{x-x_i}{s_i}\right)^2} \quad \cdots\cdots\cdots\cdots (4.2.1)$$

n：ピークの数
y_0：強度 Y 軸のオフセット
x_i：ピーク位置
s_i：ピーク幅（標準偏差）

Amp_i：ピーク強度
W_i：半値幅 (FWMH)
A_i：ピーク面積

Lorentz 関数（Lorentzian）

　Lorentz 関数は，中心位置付近で急峻に立ち上がり，左右対称な形状を持つ．また，ピークの両側でゆるやかに広がる形状をしているため，スペクトルにおいて非常に鋭いピークをフィッティングするのに適している．ピークの幅は中心の強度が半分になる位置（半値全幅：FWHM）で定義される．

　ラマンピークのフィッティングは，Lorentz 関数を用いることが一般的で，ピークが対称で鋭く，拡がりが小さい場合も，Lorentz 関数を使用してフィッティングを行うことがある．

　Lorentz 関数式を次に示す．

$$y = y_0 + \frac{2}{\pi}\sum_{i=0}^{n-1}\frac{A_i w_i}{(4(x-x_i)^2+w_i^2)} \quad \cdots\cdots (4.2.2)$$

n：ピーク数

　図 4.9 に Gauss 関数と Lorentz 関数の違いを示す．Gauss 関数の方がより結晶性の良いラマンピークに対して適していることがわかる．例えばダイヤモンド結晶へのフィッティングには Gauss 関数を用いることが多く，ポリマーなどのピークに対しては Lorentz 関数を用いることが多い．どちらの関数を使用するかは，試料に対する先行研究の論文等を調べてみると良い．

　図 4.10 に 2 つのラマンピークが重なったスペクトルに対して，ピーク

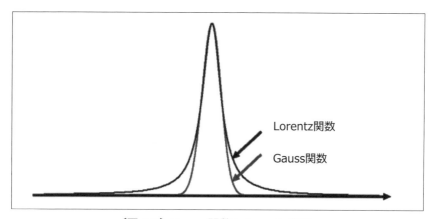

〔図 4.9〕Gauss 関数と Lorentz 関数

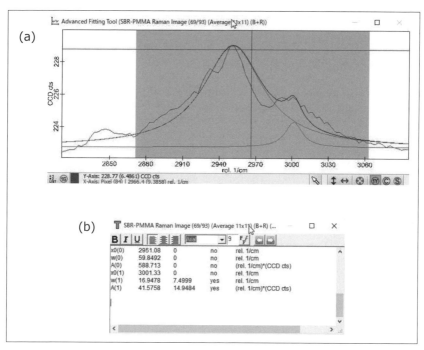

〔図 4.10〕(a) ピークフィッティングの様子 (b) フィッティング結果

フィッティングを行った例を示す．フィッティングは，Lorentz 関数を用いてフィッティングを行っている．図 4.10(b) にフィッティングの結果を示す．高い方のラマンピーク位置は 2951cm^{-1} で，高波数側のラマンピーク位置は 3001cm^{-1} という結果が得られている．

Pseudo-Voigt 関数（PsdVoigt）

　Pseudo-Voigt 関数の基となる Voigt 関数は，Gauss 分布と Lorentz 分布の畳み込みで表現されるものであり，物理学や化学の分野で，ピークが Gauss 関数と Lorentz 関数の混合として観察される場合に使用される．例えば，スペクトル中の広がったピークの中に鋭いピークが見られるような場合に使用される．

　ただし，Voigt 関数は計算が複雑であるという問題がある．そこで，Pseudo-Voigt 関数はこの複雑な Voigt 関数をより計算しやすくするために，Gauss 関数と Lorentz 関数を単純に重ね合わせた近似式の関数である．これにより，ピークの形状を適切にフィッティングしつつ，計算負荷を軽減できるようになる．

Pseudo-Voigt 関数の特長としては，
・Gauss 分布と Lorentz 分布の両方を部分的に取り入れた形状を持つ．
・Gauss 成分と Lorentz 成分の割合を変えることで，データのピーク形状に合わせて柔軟に対応できる．
・Voigt 関数の計算負荷を抑えた近似モデルとして，多くの分光データのフィッティングに利用される．

　Pseudo-Voigt 関数式を次に示す．

$$y = y_0 + A[m_u \frac{2}{\pi} \frac{w}{4(x-x_0)^2+w^2} + (1-m_u)\frac{\sqrt{4\ln(2)}}{\sqrt{\pi}w} e^{-\frac{4\ln(2)}{w^2}(x-x_0)^2}]$$

…… (4.2.3)

m_u = Profile Shape Factor

ラマンイメージングで得られた大量のラマンスペクトルから，成分を抽出する主な手法を次に示す．各機能の説明は本書では簡略して記載しているので，詳細は別途多変量解析の文献を参照されたい[7][8][9]．

・主成分分析（Principal Component Analysis: PCA）：

主成分分析 PCA は，たとえばラマンイメージを 100×100 画素で，ラマンスペクトルの波数が 1024 点（CCD カメラの画素数）で測定した場合，1024 次元に 10000 個のデータがあることになる．このデータを新しい軸（第 1 主成分）に射影していく操作を行う．この時，軸上でデータの分散が最大となるような軸を探索していく．その次の軸（第 2 主成分）は，第 1 主成分軸に直行し分散が最大になるような軸を探索する．以降同様にして成分を探索していく手法である．

PCA ではそれぞれの主成分に固有値（Eigenvalue）が対応する．この固有値は，成分の変動量を説明する値になる．後述の図 4.12 で測定したラマンイメージングに対して PCA 処理を行い得られた固有値を，横軸に主成分数，縦軸に変動量を取ってプロットしたものを図 4.11 に示す．

固有値のプロットからわかるように，この例では第 4 主成分までが寄与率が大きく，それ以降はノイズによるものと判別できる．このように，PCA では何種類の成分が含まれているかを，固有値から簡単に判別することができる．

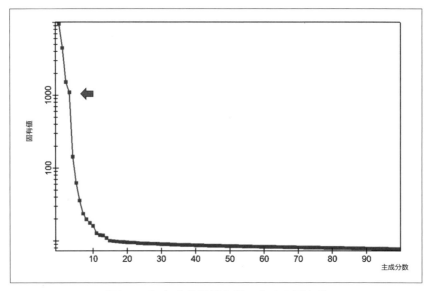

〔図4.11〕主成分解析を行った時の固有値

しかしPCAでは，S/Nの良くないデータに対しては，正しい結果を得られないことがあり，抽出した主成分からラマンイメージを構成する場合，ノイズに含まれる成分を切り捨てるため，意図したラマンイメージを得られないことがある．

・非負値行列分解 (Non-negative Matrix Factorization: NMF)
　前述のPCAでは，投影する軸（ローディング）が負の値になることがある．実際のラマンスペクトルでは，負の値になることはないので，NMFを用いるとローディングの値が負の値にならないように計算される．
　ラマンイメージに対して次元削除を行い，削除された成分によって再度ラマンイメージを構成する操作の場合は，PCAやNMFを用いるより次に述べるクラスタリング，クラス分類を用いた方が良好な結果が得ら

れることが多い．

4-2-3．クラスタリング

　クラスタリングは，スペクトルから特徴の近いものを集めてクラスタ（塊）を作成する手法である．これはスペクトルの類似性を基にスペクトルを分類し，類似したパターンを持つスペクトル同士をグループ化するというものである．

　クラスタリングは，「教師なし機械学習」に属しており，データに対する事前のラベル（分類情報）が与えられていない場合でも利用可能である．このため，試料に含まれている物質が未知であっても，クラスタリングを用いてデータを分類し，試料に含まれている物質の数や特徴を明らかにすることができる．

　クラスタリングの手法としては，以下のような代表的なアルゴリズムがあり，一般的に k-mean 法が用いられている．

・k-means 法：

　最も基本的なクラスタリングアルゴリズムの1つで，データをあらかじめ指定した数 k 個のクラスタに分割する．各クラスタは，重心（センター）を基に更新され，データ点は最も近い重心に所属するように割り当てられる．ラマン分光のスペクトルデータにおいては，似たピークやパターンを用いてスペクトルをグループ化していく[10]．

・階層型クラスタリング：

　データを階層的にクラスタリングしていく手法で，木構造のようなデ

ンドログラム（樹状図）を形成する．これにより，クラスタの形成過程を視覚的に捉えることができ，適切なクラスタ数を判断するための指標としても利用される．

クラスタリングを用いることで，大量のデータを効率的に処理でき，特にラマンイメージングのような数万点にわたるスペクトルデータの解析には大きな効果を発揮する．

クラスタリングを行う前に，バックグラウンド除去を行っておく必要がある．バックグラウンドが載っていると別のクラスタに分類される恐れが大きくなる．

クラスタリングの例を図4.12に示す．データは，不織布繊維をスライドガラス上に載せ，油浸オイル滴下後カバーガラスをかけて観察したものである．

図4.12(a)はX100 N.A.1.4の油浸対物レンズを用いて観察した光学顕微鏡像である．線で示した部分の幅$50\mu m$，深さ方向$30t\mu m$を200×50

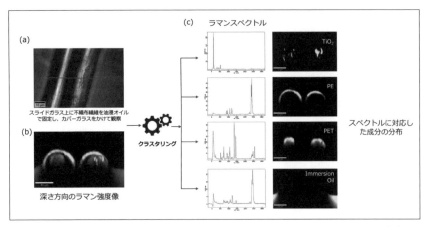

〔図4.12〕(a) 光学顕微鏡像 (b) ラマン強度イメージ (c) クラスタリング結果

画素で，積算時間 0.13sec/画素で深さ方向へラマンイメージングしたものである．図 4.12(b) にラマン信号全体の強度像を示す．

図 4.12(c) に k＝4 としてクラスタリングを実行した結果を示す．クラスタリング後の結果は，分離されたラマンスペクトルとスペクトルに対応するラマンイメージが結果として出力される．

4－2－4．クラス分類

クラス分類はクラスタリングと名前が似ているが，全く異なる処理を行っている．クラス分類は，あらかじめ試料に含まれている物質が特定されており，それぞれの物質に対応するラマンスペクトルが得られていることが条件となる．クラスタリングが未知のデータをグループ化する教師なし学習であるのに対して，クラス分類は「教師あり機械学習」であり，既知のデータに基づいて未知のデータを分類する手法である．

例えば，薬錠剤の中に含まれている薬剤がどのように分布しているかを調べることを考えてみる．錠剤の中には，薬剤，賦形剤，滑沢剤など複数の成分が含まれており，それぞれの成分のラマンスペクトルは原材料を測定することであらかじめ取得できる．クラス分類では，これら既知のラマンスペクトル（教師データ）を基にして，未知の測定データを自動的に分類する．具体的には，錠剤の各測定点のラマンスペクトルが，どの成分に属するかを判別し，その成分の分布を可視化することができる．

クラス分類で使用される代表的なアルゴリズムには，以下のようなものがある：

・k-Nearest Neighbors（k-NN）法：

　新たなデータがどのクラスに属するかを，既知のデータの中で最も近いk個のデータを基に決定する手法．ラマンスペクトルの分類において，未知のスペクトルが既知のスペクトルにどれだけ似ているかを評価するために利用される．

・サポートベクターマシン（SVM）：

　クラス間の境界線を見つけることによって，新しいデータを分類する手法である．ラマン分光においては，スペクトルのピーク位置や強度などの特徴に基づき，既知の物質のスペクトルからクラス分けを行う．

・ディープラーニング：

　複雑なデータにも対応可能な分類手法であり，特にラマンイメージングのように大量のスペクトルデータを処理する際に有効である．ニューラルネットワークを使って，スペクトルのパターンを自動で学習し，未知のスペクトルを分類することができる．

　クラス分類を用いることで，既知の物質の分布や構造を定量的に解析することができる．特に薬剤や医療分野では，錠剤内の薬剤成分がどのように分布しているか，または不純物がどこに存在するかを迅速に判定することが可能となる．また，製造過程での品質管理にも役立ち，異常検出や製品の均質性確認など，多方面で応用が期待できる．

　4-2-3「クラスタリング」で測定した不織布繊維は，製品として繊維の構造を設計して製作されている．具体的には，PET樹脂を繊維の軸とし

て使用し,その中に白さを出すために酸化チタンの粉末を混ぜ込み,外側を PE 樹脂でコーティングするという設計がなされている.

原料として使用される PET 樹脂,酸化チタン,PE 樹脂の各ラマンスペクトルは,個別に測定することが可能である.さらに,油浸オイル(Immersion Oil)のラマンスペクトルを教師データとして準備し,深さ方向のラマンイメージデータに対してクラス分類を行うと,図 4.13 のように,それぞれのラマンスペクトルに対応する画像を分離することができる.

図 4.13(a) に不織布の原料であるポリエチレン PE,PET,酸化チタン TiO_2 および油浸レンズ用のオイルを個別に測定したラマンスペクトルを示す.これらのラマンスペクトルを教師データとして,不織布の深さ方向のラマンイメージ測定結果と共にクラス分類を行った結果を図 4.13(b) に示す.クラス分類の結果は,それぞれの教師データに属する

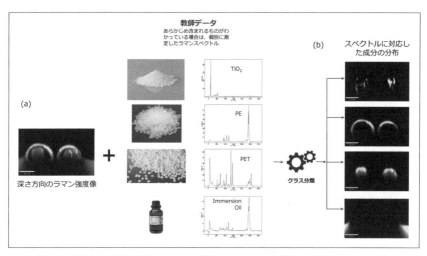

〔図 4.13〕(a) 原料を測定した教師データとしてのラマンスペクトル
(b) クラス分類結果

ラマンイメージが結果として出力される．

　以上のように，クラスタリングやクラス分類はラマンイメージの解析に非常に強力なツールである．いまだに解析での利用が浸透していないが，是非とも解析方法を習得して有効に活用すべきである．

参考文献

[1] 長谷川健，スペクトル定量分析，講談社サイエンティフィック (2007)

[2] 大澤文孝，JupyterNotebook レシピ，工学社 (2021)

[3] 株式会社システム計画研究所，Python による機械学習入門，オーム社 (2016)

[4] 森田成昭，Python で始める機器分析データの解析とケモメトリックス，オーム社 (2022)

[5] A Savitzky, MJE Golay, *Analytical Chemistry*. 36 (8), 1627 (1964)

[6] Svante Wold, C. Albano, W. J. Dunn III, U. Edlund, K. Esbensen, P. Geladi, S. Hellberg, E. Johansson, W. Lindberg & M. Sjöström , *Multivariate data analysis in chemistry*, Springer (1984)

[7] 加藤豊，例題でよくわかるはじめての多変量解析，森北出版 (2020)

[8] 涌井良幸，涌井貞美，多変量解析がわかる，技術評論社 (2011)

[9] 永田靖，棟近雅彦，多変量解析法入門，サイエンス社 (2001)

[10] Stuart P. Lloyd, *Least squares quantization in PCM*, Bell Telephone Laboratories Paper(1957)

5

顕微ラマン分光法の
アプリケーション

本章では，顕微ラマン分光法がどのような分野で使用されているかについて説明し，いくつかの測定事例を紹介する．

利用される分野で，どのような課題がありどのようにラマン分光法が使用されているかを，その背景から説明するようにした．

ラマン分光法は，試料の非破壊分析が可能であり，前処理が不要であることに加えて，大気中，溶液中，真空中での測定が可能であり，固体，液体，気体の測定にも対応できる．そのため，利用範囲は非常に広く，さまざまな分野で活用されている．次に主要な利用分野について説明する．

・材料科学

ラマン分光法は，固体材料や結晶性材料の分析に有用であり，半導体材料や炭素材料（グラフェン，カーボンナノチューブなど）の結晶構造や欠陥の評価に使用される．

また，ポリマー材料においては，化学構造や分子配向，結晶性を評価するために利用される．さらに，ナノ材料の特性評価にも適しており，ナノ粒子，ナノワイヤ，ナノシートなどの分析に使用されている．

・化学

分子の振動情報を得るため，ラマン分光法で得られたスペクトルからデータベース等を用いて分子構造解析に利用される．有機化合物の特定や官能基の同定，分子間相互作用の解析が可能となる．触媒反応においても，反応の進行や触媒表面での化学反応をモニタリングする手法として用いられることもある．

5. 顕微ラマン分光法のアプリケーション

・生命科学・医療

　生体分子（タンパク質，脂質，DNA など）の観察に利用されており，生体材料や細胞の化学的特性の評価に利用される．

　組織や細胞のラマンイメージングにより，病理診断やがんの検出も研究的に試みられている．

　薬剤の結晶性や多形（Polymorphism），分布の評価にも活用されており，医薬品研究において重要な手法となっている．

・環境科学

　大気中の微粒子や汚染物質の同定，水中の微量成分分析，土壌の化学的組成の評価に利用されている．

　鉱物の同定においても，ラマン分光法は岩石や鉱石の組成や結晶構造を非破壊で分析する手段として大変有効な手段として広く用いられている．

・法科学

　犯罪現場に残された繊維，ガラス片，爆発物，薬物，書類の偽造などの分析にラマン分光法が用いられてきている．ラマン分光法は非破壊分析であり，物証を傷つけずに化学的同定を行う点で非常に重要である．

・エネルギー

　リチウムイオン電池の研究において，電極材料の化学反応や劣化のモニタリングにラマン分光法の利用が研究されている．太陽電池の開発においても，材料特性の評価や性能向上を目指す研究で重要な役割を果たしている．

・文化財保存・考古学

　絵画や彫刻，陶器，文書などの文化財を非破壊で分析し，化学成分を特定するためにラマン分光法が利用されている．文化財の保存状態の評価や適切な修復方法を決定するために重要である．

・半導体産業

　半導体デバイスの内部応力や結晶性，欠陥の評価に使用される．シリコンウェハなどの評価や，半導体製造プロセスのリアルタイムモニタリングにも利用されており，非常に重要な手法である．

　以上のように，ラマン分光法は多岐にわたる分野で活用されており，非破壊・非接触で情報を取得できるため，非常に汎用性の高い分析手法と言える．

５－１．無機物質の観察

５－１－１．二次元材料，カーボン系試料

・二次元材料 WS_2 結晶

　Si 基板上に CVD 成長させた WS_2 結晶を，6-1「原子間力顕微鏡 AFM との融合」で説明する原子間力顕微鏡 AFM で観察した表面形状像を図 5.1(a) に示す．WS_2 結晶が三角形の形状をしていることが観察された[1]．

　AFM 像に示す 1，2 の番号が原子 1 層，2 層に対応し，他に多層になっていることが AFM の表面形状像の高さ測定によりわかる．WS_2 は 2 層以

上および欠陥のある結晶部分で416cm^{-1}のラマンピークの積算強度が大きくなっている.図5.1(b)に416cm^{-1}での積算強度ラマンイメージを示す.

また,WS_2の単層は直接遷移(直接ギャップ)を持つため,532nmのレーザーで励起すると図5.2(a)に示すように635nm付近に大きなフォトルミネッセンスPLを示す.このPLの強度は,層数が多くなると急

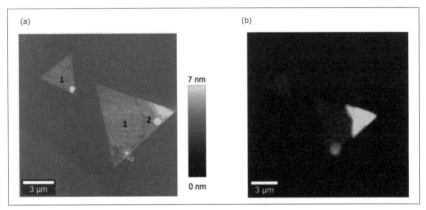

〔図5.1〕(a) 原子間力顕微鏡 AFM の表面形状像
(b) 416cm^{-1} での積算強度ラマンイメージ

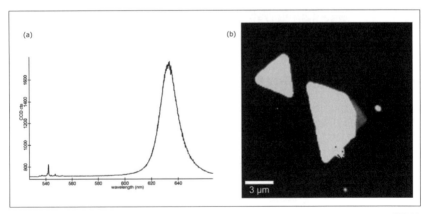

〔図5.2〕(a) 532nm で励起した時のフォトルミネッセンススペクトル(横軸は波数ではなく波長で表示) (b) 波長635nm の強度のフォトルミネッセンス PL 像

速に小さくなる.

図 5.2(b) に 532nm で励起した時の波長 635nm のフォトルミネッセンス PL 像を示す．1 層部分が強いフォトルミネッセンスを発していることがわかる．

・カーボンナノチューブ CNT

ライン状にパターンが作製された Si 基板上に堆積したカーボンナノチューブのラマンイメージを図 5.3 に示す．走査範囲は $100\times100\mu m^2$ を 200×200 画素，励起レーザー 532nm，100mW で，100msec/ 画素の積算時間でラマンスペクトルを取得している．

図 5.3(a) にカーボンナノチューブ CNT ピークの積算強度ラマンイメージを示す．また，CNT のラマンスペクトルを図 5.3(b) に示す．パターン状に下地処理された Si 基板上に CNT が堆積されていることがわかる．炭素の G バンドおよび G' バンドを示す $1600cm^{-1}$ および $2690cm^{-1}$ 付近に顕著なピークが観察されている．

$180cm^{-1}$ 付近にあるピークは，CNT の Radial Breathing Mode（RBM）と呼ばれ，CNT が Radial（半径）方向に拡大・収縮するような振動で，通常 $100cm^{-1}$ から $300cm^{-1}$ 程度の低波数領域に現れ，CNT の直径が小さいほど高い波数にピークが現れる [2]．CNT の直径 d と RBM の波数との間には次のような関係が経験上知られている．

$$RBM = \frac{c}{d} \quad\quad\quad\quad\quad\quad\quad\quad\quad\quad\quad (5.1.1)$$

ここで，c は経験的に $248cm^{-1}$ が使用される．RBM$180cm^{-1}$ では CNT の直径は約 1.4nm と推定される．

CNT が堆積していない基板 Si のラマンスペクトルを図 5.3(c) に示す．

◆5．顕微ラマン分光法のアプリケーション

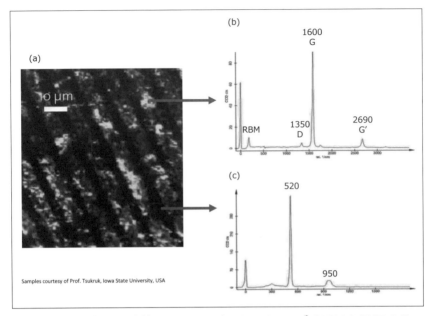

〔図5.3〕Si基板上に堆積させたカーボンナノチューブ CNT (a) CNT のラマンイメージ (b) CNT のラマンスペクトル (c) 基板である Si のラマンスペクトル

5－1－2．Ⅲ族窒化物試料

・窒化ガリウム GaN

　青色や緑色の発光ダイオード（LED）やレーザーダイオード（LD）に使用される材料として注目されているⅢ族窒化物である窒化ガリウム（Gallium Nitride: GaN）の観察例を示す．

　図5.4(a) にサファイア基板の走査電子顕微鏡 SEM 像を示す．サファイア基板はリソグラフィーにより直径 $3.5\mu m$，深さ $4.5\mu m$，間隔 $12\mu m$ の六角形の穴があけられている．この基板上に GaN を MOVPE（Metal Organic Vapor Phase Epitaxy，金属有機化学気相成長法）により $3\mu m$ 成

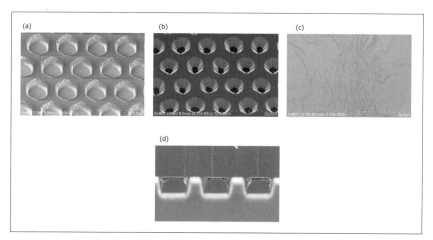

〔図 5.4〕(a) パターン化されたサファイア基板 (b) GaN を膜厚 3μm 成長させた基板 (c) GaN を膜厚 17μm 成長させた基板 (d) FIB により切り出した試料断面

長させたときの SEM 像を図 5.4(b) に示す．さらに成長速度の速い HVPE（Hydride Vapor Phase Epitaxy，ハイドライド気相成長法）を用いて 17μm 成長させた試料の表面の SEM 像が図 5.4(c) となる．この試料を集束イオンビーム（Focused Ion Beam: FIB）で切り出した断面を SEM 観察したものが図 5.4(d) になる．SEM 像中に見られる縦線は Cleavage Steps と呼ばれる割れ目で，ある部分に集中してあることが観察された．

図 5.5 に試料の上方からの光学顕微鏡像を示す．対物レンズは，×100，N.A. 0.9 のものを使用している．白色光で観察した光学顕微鏡像で穴の部分のコントラストが異なるのは，穴の中で成長した GaN の上面と上に成長させた GaN の層の違いで生じる干渉によるものである．

深さ方向の Depth Scan を図 5.5 のラインで示す位置で行った結果を図 5.6 に示す．励起波長は 532nm, $60 \times 20 \mathrm{t}\mu\mathrm{m}^2$ を 240×80 画素で走査を行っ

◆ 5．顕微ラマン分光法のアプリケーション

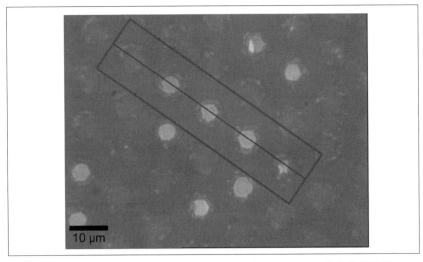

〔図 5.5〕光学顕微鏡像と，四角で囲んだ部分がラマン分光分析範囲

ている．図 5.6(a) に Depth Scan のラマンイメージと図 5.6(b) にラマンスペクトルを示す．

Depth Scan ラマンイメージでは，3-4-1「深さ方向ラマンイメージング法」で述べたように GaN の屈折率が 2.54 のため，実際より短く観察されている．

図 5.5 の四角で囲まれた $60 \times 15 \mu m^2$ の領域を深さ方向に $20 \mu m$ 走査した 3D ラマンイメージを図 5.7 に示す．

3-3-2「ラマンイメージ解析法」で述べたように，ラマンピークのシフトは試料の内部応力を反映している[3][4][5]．ここでは図 5.6 で示した $575 cm^{-1}$ 付近のラマンピークに対して，4-2-2「ピークフィッティング」で述べた Lorentz 関数（Lorentzian）を用いてフィッティング行った結果を図 5.8(a) に示す．2-6-3「CCD 検出器」で述べたように単純に CCD の画素数では，波数分解能は $1 cm^{-1}$ 程度であるが，Lorentz 関数を用いて

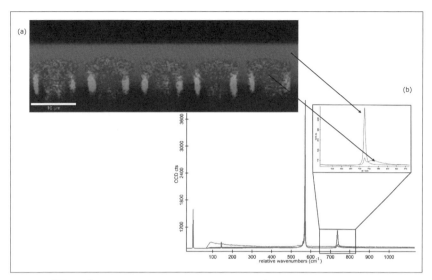

〔図 5.6〕(a) Depth Scan ラマンイメージ (b) ラマンスペクトル

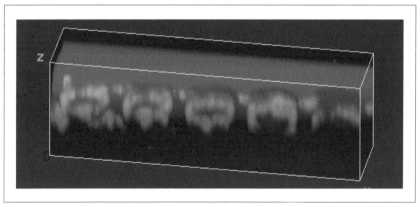

〔図 5.7〕60×15×20tμm^3 領域の 3D ラマンイメージ

フィッティングを行うとピーク分解能は 0.02cm^{-1} 程度まで判別することができている．

図 5.8(b) は波数シフトを 3D で表示し，底部の画像は 735cm^{-1} のピーク強度を画像化したもので，基板の穴の位置との関係を示すために表示

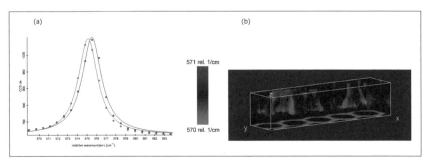

〔図 5.8〕(a) Lorentz 関数にてフィッティングを行った結果
(b) 内部応力を 3D で表示したもの

している．

5-1-3．半導体試料

　LED，レーザーダイオード，フォトダイオード，太陽電池，IC 等の多くのエレクトロニクスやオプトロニクスのデバイスに半導体材料が使用されている．

　半導体材料として有名なものは，シリコン (Si)，シリコンカーバイト (SiC)，ガリウムヒ素 (GaAs)，窒化ガリウム (GaN) がある．さらに，二硫化モリブデン (MoS_2) のような 2 次元物質が半導体の可能性があり広く研究されている．

　研究，製造，品質管理においては，結晶構造と同様に結晶中の欠陥や応力分布を，高品質デバイスを作成するために損傷無く効率的に検出しなければならない．顕微ラマン分光法は，これらの要求に適した手法である．

・Si インデンテーション
　材料の硬さを測定するためにビッカース硬度計（Vickers Hardness

Tester）が使用される．ダイヤモンドの正四角錐の圧子を押し込み，荷重と変形量より硬度や弾性率を測定する．

図5.9(a)にビッカース硬度計を用いて50mNの力で圧痕を付けたSi(111)基板を，原子間力顕微鏡AFMで観察した表面形状像を示す．四角錐にくぼみ，穴の端がわずかに膨らんでいるのがわかる．

図5.9(b)に表面形状像に示したラインでの断面プロファイルを示す．穴の対角の長さは$2.6\mu m$，穴の深さが約160nmで，穴の端で7nm盛り上がっているのがわかる．

$10 \times 10\mu m^2$の領域を90msec/画素でラマンスペクトルを取り込み，Siの1次ピークである$520cm^{-1}$のピークシフトで画像化したものを図5.10(a)に示す．またラマンイメージ上に示す1～3のラインで，Line Profileを測定したものを図5.10(b)に示す．

3-3-2「ラマンイメージ解析法」で述べたように，ラマンピークは引張応力が働くとピークは低波数側へ，圧縮応力が働くと高波数側にシフトする．図5.10(a)より引張応力はピラミッド型圧痕の角で発生し，圧縮

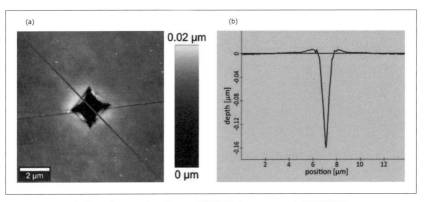

〔図5.9〕(a) ビッカース試験圧痕のAFM表面形状像
(b) 表面形状像のLine Profile

5. 顕微ラマン分光法のアプリケーション

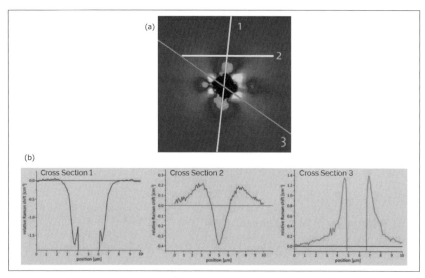

〔図5.10〕(a) 520cm^{-1}でのピークシフトのラマンイメージ
(b) 各ラインでの Line Profile

応力は突出した側面で発生していることがわかる．応力が発生していない部分では，統計処理を行うとピーク位置の標準偏差は0.02cm^{-1}であった[6]．

ピークシフトから実際の応力を見積もることが可能で，Siではピークシフト1cm^{-1}が435MPaになり，この測定では0.02cm^{-1}の変化が観察され9MPaの応力がかかっていると見積もられる．このように高精度で応力の測定が可能となる．

5－1－4．電池材料

・Liイオン電池

Liイオン電池は，新しいカソード材料の導入や，液体電解質の固体材

料に置き換えの試みにより進歩している．通常，アノードにはグラファイトやアモルファスカーボンが使用され，商業的に使用されるLiイオン電池のカソード材料には，$LiCoO_2$（LCO），$LiMn_2O_4$（LMO），$LiNi_{0.84}Co_{0.12}Al_{0.04}O_2$（NCA），$LiNixCo_{1-x-y}MnyO_2$（NCM/NMC），および$LiFePO_4$（LFP）がある．

最近では，スピネル構造の$LiNi_{0.5}Mn_{1.5}O_4$（LNMO）セルなどのコバルトフリー電池が，価格の高いコバルトを必要としないため，さかんに研究されている．ラマンイメージングでは，電池の内部組成から得られる構造的および化学的な情報，分子組成，粒子の破壊，固体電解質界面（SEI）層の形成，電極での劣化プロセス等を可視化することができる．

ここでは，カソード電極にNMCを用いた電池の解析を示す．空の電池を迅速に充電することは自動車関連で強く求められているが，電池の性能を損なう要因にもなっている．NMCセルで実験的に400回の充放電電を行った結果，40%の容量が失われた．これは電極が不均一に劣化したものと考えられる．

6-2「走査電子顕微鏡SEMとの融合」で述べるSEMとの複合機で，同一チャンバー内で試料の処理ができる集束イオンビーム（Focused Ion Beam: FIB）を搭載した装置を用いて観察を行った例を示す．

新品の電極に充電されたものをFIBにて断面を作製し，SEMの二次電子像の上にラマンイメージを重ねて表示したものを図5.11(a)に示す．

SEM像から粒子が均一なリチウムニッケルコバルトマンガン酸化物（$LiNixCo_{1-x-y}MnyO_2$:NCM/NMC）の合材電極とカーボン粒子から構成されていることがわかる．また，それぞれの場所でのラマンスペクトルを図5.11(b)に示す．それぞれの典型的なスペクトルのピーク，580 cm^{-1}（Li-NMC），1350 cm^{-1}および1600 cm^{-1}（アモルファスカーボン）付近にピークが見られる．

◆ 5．顕微ラマン分光法のアプリケーション

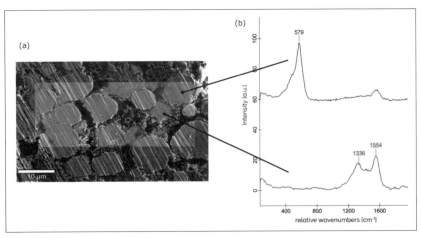

〔図 5.11〕新品の合材電極断面 (a) SEM 像の上にラマンイメージを重ねて表示 (b) 矢印で示した場所のラマンスペクトル

400 回充放電を行った後の電極の測定結果を図 5.12 に示す．

図 5.12(a)(b) で示すように，ほとんどの粒子はラマンピーク幅が広がり，低波数側にシフトしている．また，一部にはラマンピークがスプリットしている場所も確認された．

図 5.12(c) に粒子部分を拡大走査した結果を示す．SEM 像から粒子にクラックが入っていることが確認された．また，一部に新品の NMC と同等のラマンスペクトルを示す部分が確認され，この部分は充放電に寄与していないことが予想された．

電池材料では大気に暴露せずに観察する必要がある．5-4「温度，応力可変測定」で述べるセルを用いて，グローブボックス中で試料をセル中に取り付け，封じ切った状態でラマン分光観察を行うことができる．さらに露点を上げないために，セルに Ar ガス等の不活性ガスをフローしながら観察することも行われている．

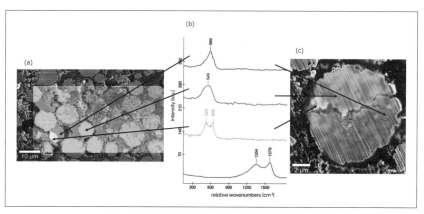

〔図5.12〕400回充放電を行った後の合材電極断面 (a) SEM像の上にラマンイメージを重ねて表示 (b) 矢印で示した場所のラマンスペクトル (c) 1粒子を拡大走査したラマンイメージ

5－1－5．鉱物試料

　ラマン分光法は，鉱物試料の同定や特性評価，または高圧・超高圧／高温実験における鉱物相転移の観察に用いられている．鉱物試料に対しては，ほとんどの場合顕微ラマン分光が使用されている．1-1「はじめに」で紹介したEPMAやエネルギー分散型X線分析（EDX），SIMSが鉱物試料の分析によく使用され，これらの分析手法は，定量的・半定量的な元素および同位体の情報を得ることができるが，ラマン分光法は，化学成分の分布や透明な鉱物に対しては，内部の観察をおこなうことができる．

・星間塵粒子

　星間塵粒子（Interstellar Dust Particle: IDP）の観察例を図5.13に示す．

　図5.13(a)にIDPの光学顕微鏡像を示す．中央部分をラマンイメージングした．図5.13(b)にラマンイメージング結果を示す．未同定の鉱物

❖ 5. 顕微ラマン分光法のアプリケーション

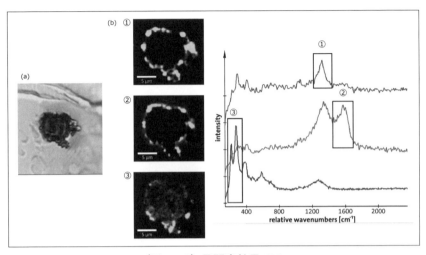

〔図 5.13〕星間塵粒子 IDP
(a) 光学顕微鏡像 (b) ラマンイメージと対応するラマンスペクトル

相 (図中③) は,ヘマタイト / 炭素を含む相 (図中①) およびヘマタイト相 (図中②) と分離していることがわかる.

・流体包有ガーネット

コクシェタウ山塊 (Көкшетау カザフスタン) から発見された,流体包有物を含むガーネットを,表面から数 $10\mu m$ 下に包有物があるところまで研磨し,包有物の化学的組成をラマン分光法で測定した例を図 5.14 に示す.

図 5.15 に示すように,観察部分の広い範囲にガーネットのピーク強度の変化が観察されている.これは,図 5.14(c) に示す深さ方向のラマン像から包有物の水層上部で起きていることがわかる.そしてそのスペクトルから炭酸塩相である可能性があることがわかった.

また,図 5.15 右に示す水相包有物のスペクトルも変化があり,

- 168 -

3400cm^{-1} のラマンピークにより H_2O の液体,もしくは気体の存在を示し,含水ケイ酸塩相による変化と考えられる.

このように,鉱物の研究では地球内部の鉱物や元々地表にあった鉱物

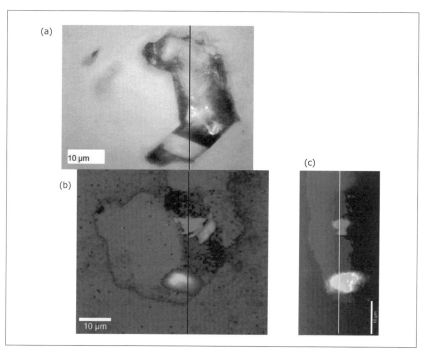

〔図 5.14〕流体包有物を含むガーネット (a) 光学顕微鏡像 (b) 深さ 12μm でのラマンイメージ (c) 光学顕微鏡像の黒線で示す位置での深さ方向ラマンイメージ　白ラインは (b) のラマンイメージを取得した位置

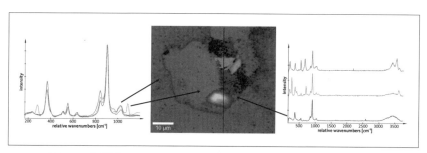

〔図 5.15〕深さ 12μm でのラマンイメージとラマンスペクトル

が地球内部に引き込まれ，再度地表に現れた鉱物を分析することによって地球内部の様子を知ることができるとして研究の対象となっている．

5-2. 有機物質の観察

5-2-1. 高分子試料

　高分子材料は，現代社会において重要な役割を果たしており，機械的,化学的特性が多様であるため，多くの分野で使用されている．そのため高分子材料に対して，厳しい要求を満たす新しい材料の開発が必要で，ナノレベルでの形態と化学組成に関する分析が必要となってきている．ナノレベルでの形状測定，機械的特性の測定は 6-1「原子間力顕微鏡 AFM との融合」で述べる AFM が良く使用されている．

多層ポリマー

　紙の上にラミネートコートされた多層ポリマーの観察例を図 5.16 に示す．紙にラミネートコートを施すことは次のような利点がある．
・耐久性の向上
　防水性：ラミネートによって湿気や水濡れに強くなる．
　破れにくさ：コーティングによって引っ張りや折り曲げに対する耐性が高まる．
・長期保存が可能
　色あせ防止：紫外線や空気中の酸素から保護されるため，印刷物の色や文字が長期間保たれる．
　汚れ防止：汚れや指紋が直接紙に付着しないため，きれいな状態を維持できる．

・見た目の向上

　光沢感：表面が滑らかでツヤが出る．

　高級感：マット仕上げにすると上品な質感になる．

・取り扱いのしやすさ

　書き込み防止：表面が滑らかになるため，書き込みや汚れが防げる．

　掃除の簡単さ：汚れた場合でも表面を拭くだけできれいにできる．

・安全性の確保

　角の保護：ラミネートによって紙の角が丸く加工される場合，怪我をしにくくなる．

・カスタマイズ性

　特殊加工：防滑加工やUVカットなど，ラミネートの種類によって追加機能を付与できる．

図5.16は，紙の上にラミネートコートされた多層ポリマー試料に，Depth Scanを$50 \times 40 t \mu m^2$の領域で150×50画素，100msec/画素でスペクトルを取得している．紙は基材となるセルロースと，白さを出すた

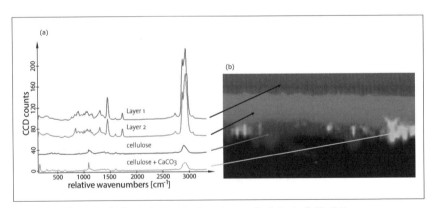

〔図5.16〕紙の上にラミネートコートされた多層ポリマー
(a) Depth Scanを行った時のラマンスペクトル (b) Depth Scan ラマンイメージ

めの $CaCO_3$ が混ぜ込まれており，上に2層のポリマーがコートされているのがわかる．

このように顕微ラマン分光法の Depth Scan は，非破壊で簡単に深さ方向の情報を得ることができる有効な手法である．

生体模倣繊維

生体模倣（Bio-inspired）繊維の観察例を示す．天然繊維には，非常に高い引っ張り強度，高い柔軟性と弾性，自己圧着性，さまざまな化学的性質や形態など，興味深い特性が備わっており，これらの特性を合成素材の設計に反映させる取り組みが生化学研究において進められている．

人工繊維を作成するためのいくつかの手法が開発されており，その一つに電界紡糸がある．この手法では，溶液や溶融状態の原料をスピンジェットする際に表面張力を解消するため，強力な電界が印加される．この方法により，電界紡糸ではナノメートルサイズの直径を持つ連続した人工ナノファイバーの作成が可能となる．

図 5.17(a) にカイコから得られたシルクとポリ乳酸成分からなるナノファイバーの $10 \times 7.5 \mu m^2$ の AFM 観察結果を示す．ナノファイバーの製造は並列ノズルを使用している[7]．2本のナノファイバーの観察を行い，図 5.17(b) の画像に示す2カ所でラインプロファイルを測定した．1本のナノファイバーは高さ約 700nm であり，もう1本は表面形状像ではコントラストの関係で見えづらいが，ラインの位置にファイバーがあり約 100nm の高さであった．

図 5.18(a) にラマン測定結果を示す．太いファイバーと細いファイバー両方の化学的特性を特定でき，シルクとポリ乳酸を容易に区別することができている．

図5.18(a) に顕微ラマン分光結果を示す．太いナノファイバーでは，軸方向に沿ってシルクとポリ乳酸が並んでおり，細いナノファイバーはポリ乳酸のみで構成されていることがわかった．

さらに，太いナノファイバーに対して深さ方向の Depth Scan を行い，ナノファイバー内部のシルクとポリ乳酸の分布が明確に画像化されている．

ブレンドポリマー

シリコン基板上にポリスチレン (PS)，ポリエチレンプロピレン

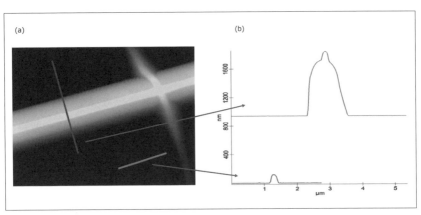

〔図5.17〕ナノファイバー AFM 観察結果 (a) 表面形状像 (b) Line Profile

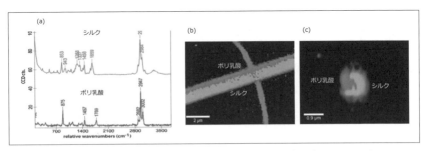

〔図5.18〕ラマン分光結果 (a) ラマンスペクトル (b) 太，細ファイバーのラマンイメージ (c) 太いファイバーの Depth Scan

(PEP),ポリメチルメタクリレート(PMMA)で構成された球状のブレンドポリマーを分散させた試料を,$11 \times 11 \mu m^2$,100×100 画素,10msec/画素で取得した結果を図 5.19 に示す.

図 5.19(a) に得られたラマンスペクトルで PS および PEP-PMMA に属するスペクトルを示す.Si 基板の $520cm^{-1}$ および $1000cm^{-1}$ 付近に強いラマンスペクトルが見られるが,C-H 振動伸縮領域に 2 つのポリマーの

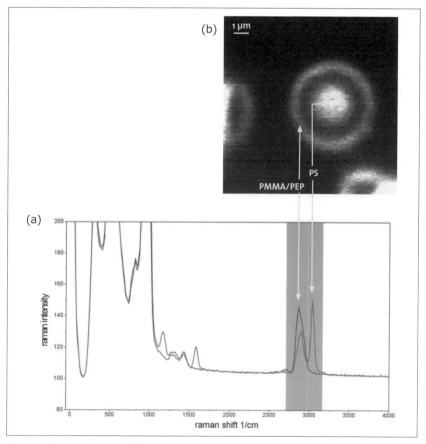

〔図 5.19〕(a) PS および PEP-PMMA のラマンスペクトル (b) ラマンイメージ

ラマンスペクトルの違いが明確に示されている．図 5.19(b) に 2 つのポリマーの積算強度ラマンイメージを合成した画像を示す．このラマンイメージより直径 3μm の PS 球を厚み 1μm の PEP-PMMA でコートしてあることが確認された．

このように，球状のポリマーの内部の構造を非破壊で組成別に画像化することができる．

5−2−2．ライフサイエンス

ライフサイエンス試料観察において，顕微ラマン分光法は大きな優位点がある．たとえば生体細胞を生きたまま観察できることにある．光学顕微鏡でも組織の観察の場合は，生体試料の固定（グルタールアルデヒドを用いた固定方法が一般的）を行い，目的の部位を染色剤で染色して観察を行う．電子顕微鏡ではさらに帯電防止のためのカーボンや白金でのコーティングを行い，観察は真空中で行われるため生きたままでの観察はできない．

・ラット上皮細胞

ラットの上皮細胞の観察例を図 5.20 に示す．図 5.20(a) に示すように，光学顕微鏡で細胞の観察対象位置を特定した後，$40 \times 40 \mu m^2$ を 100×100 画素で走査を行った．図 5.20(b) に示すラマンイメージは C-H 伸縮振動ラマンスペクトル（$2800 cm^{-1} \sim 3000 cm^{-1}$）の積算強度で表示している．

得られた全てのスペクトルより 3 つの典型的なスペクトルを図 5.21(a) に示す．ミトコンドリア（mitochondria），小胞体（endoplasmic reticulum），核小体（nucleoli）．これらのスペクトルから合成表示したラマンイメー

ジを図 5.21(b) に示す.小胞体と細胞の他の異なる部分が明確に判別されており,細胞膜 (nuclear membrane) も明確に観察されている.

蛍光染色は,ライフサイエンスで目的組織の特定,およびイメージングに使用される確立された手法であるが,一方最初に述べたように,顕微ラマン分光法は蛍光染色を用いずに,試料の全ての組成を調べること

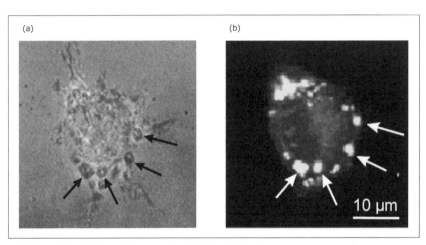

〔図 5.20〕(a) 光学顕微鏡像 (b) C-H 伸縮振動 (2800cm^{-1}〜3000cm^{-1}) の積算強度

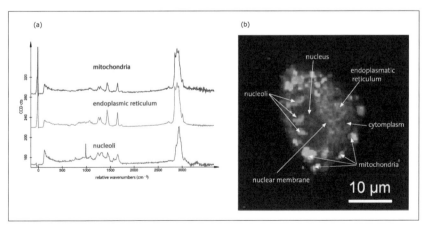

〔図 5.21〕(a) 細胞各位のラマンスペクトル (b) 合成ラマンイメージ

ができる．

・真核細胞

　蛍光がラマンイメージングを行う上で大敵とみなされているのは，ラマン散乱光は非常に弱く，蛍光はラマン散乱より 100 から 1000 倍強いためである．一方蛍光染色をうまく使い，蛍光を発する試料からラマンイメージを得た例を示す．

　DAPI（4', 6-diamidino-2-phenylindole）を用いて真核細胞の核を染色した試料の観察を行った．DAPI は，主に細胞核やミトコンドリア内の DNA を染色し，波長約 358nm（紫外線領域）で励起すると，約 461nm の蛍光を発生する．

　図 5.22(a) に DAPI で染色した真核細胞の蛍光顕微鏡像を示す．これは 1 章で説明した倒立型顕微鏡と組み合わせた顕微ラマン分光装置を用いて，UV-LED 照明光と 400nm ＞透過フィルターを使用して，蛍光観察したものである．

　顕微ラマン分光観察は，励起レーザー波長 532nm を使用して行われた．このため DAPI（約 350nm の紫外光を吸収）を励起することなく，ラマンスペクトルを得ることができている．図 5.22(c) に得られた小胞体（endoplasmic reticulum）核内の核小体（nucleoli）のラマンスペクトルを示す．図 5.22(b) に蛍光像 (a) のラマンイメージを合成した像を示す．

　この手法は，3-2-2「蛍光対策」で述べたように，蛍光を発生する励起波長を避けてラマン分光観察を行う手法と同じである．

・マクロファージ（macrophage）

　生きている細胞の観察は，細胞と組織の動的プロセスを解明するため

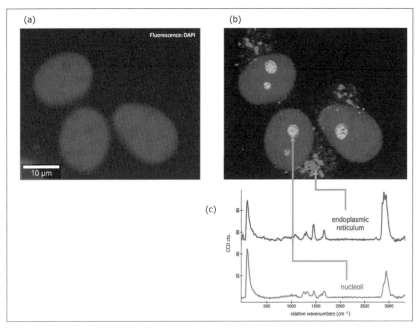

〔図 5.22〕(a) DAPI で染色した真核細胞の蛍光顕微鏡像
(b) 蛍光像に合成したラマンイメージ (c) ラマンスペクトル

に大変重要である．マクロファージは，低密度リポタンパク質（Low-Density Lipoprotein: LDL）を取り込んで再利用と排出を行っている．LDL の取り込み機能が行き過ぎた場合，細胞は脂質を貯蔵し泡沫細胞（Form Cell）に移行する．この泡沫細胞はアテローム性動脈硬化（Atherosclerosis）のような心血管疾患を引き起こす原因として知られている．

顕微ラマンイメージングで，マクロファージが脂質を取り込む様子を 30 時間継続観察し，細胞から異型細胞（Atypical Cell）への変化を明らかにした[8]．

脂質としてオレイン酸を重水素でラベリングし，C-D 伸縮振動 2050

♦ 5．顕微ラマン分光法のアプリケーション

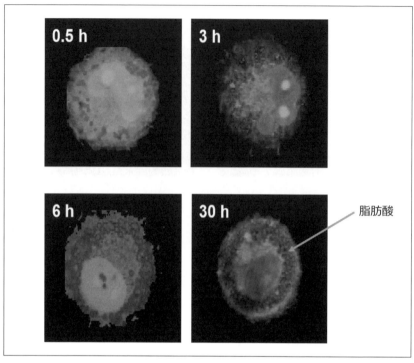

〔図 5.23〕マクロファージへの脂肪酸の取り込み

〜2275cm^{-1} のラマンスペクトル積算強度を用いて画像化した．図 5.23 に示すように時間と共に脂質が増加し，脂肪酸が油滴状に蓄えられていることがわかる．このような脂肪滴の出現は，泡沫細胞形成の特徴を示している．

5－2－3．医薬品

製薬分野において開発，製造，品質管理は，製品の安全および薬効を保証するため，製造効率が良く，信頼できるプロセスが要求されている．

これらの医薬品は，成分やアプリケーションにおいて多種多様であり，いくつかの薬剤では特性により，従来用いられている手法では，試料にダメージや劣化を与えずに十分な分析評価を行うことが難しいことがあった．そこで，試料に合わせた柔軟な分析手法を選択することが必要となってきている．

ラマン分光法は，試料の化学組成を分光法により得られるため，製薬分野で広く使用されている手法である．特に顕微ラマン分光法は，製剤内の薬剤分布の評価，薬剤と賦形剤の分布，汚染物質や異物の検出等を行うことができる[9]．顕微ラマン分光法で得られた情報は，薬剤の設計，固形および液体処方薬剤の開発に使用され，時には薬剤の特許侵害や偽造発見のツールとしても使用されることもある[10][11][12]．

・軟膏薬

軟膏薬の観察結果を図5.24に示す．軟膏薬を少量スライドガラス上にとり，カバーガラスを載せて油浸対物レンズを用いて観察を行っている．

図5.24(a)に油中に分散させた原薬（active pharmaceutical ingredient: API）の分布状況をラマンイメージングしたもの．励起レーザー波長532nm，走査サイズは$180 \times 180 \mu m^2$，2048×2048画素，2msec/画素で取り込んでいる．APIが均等に分布していることが観察されている．

図5.24(b)に拡大走査を行ったラマンイメージを示す．シリコン由来の不純物成分が検出されている．

図5.24(c)に$25 \times 25 \times 20t \mu m^3$を$200 \times 200 \times 50$画素で10msec/画素で走査した3Dラマンイメージを示す．油の部分は半分でカットして表示している．APIが球状で均等に分布していることがわかる．

5．顕微ラマン分光法のアプリケーション

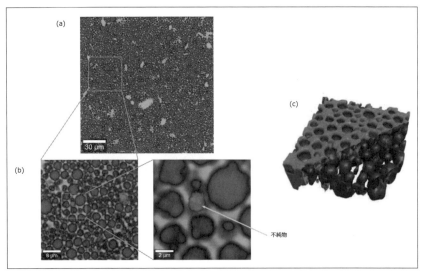

〔図5.24〕塗り薬のラマンイメージ (a) 薬剤の広域ラマンイメージ
(b) 拡大走査ラマンイメージ (c) 3D ラマンイメージ

・ステント

心臓の冠動脈治療に使用される薬剤溶出ステント（drug eluting stent: DES）の観察例を図5.25に示す．ステント金属の表面にはポリマー材料のコート材の中に，新生内膜の増殖を抑制する薬剤APIが含有されており，徐々に溶解していくようなドラッグデリバリーシステム（Drug delivery system: DDS）となっている[12]．

図5.25(a)に深さ方向のラマンイメージを示す．コートされたポリマーは2層になっており，表面層のポリマーにAPIが含まれている様子がわかる．

図5.25(b)にステント表面の原子間力顕微鏡AFMでの表面形状像を示す．表面に粒状にあるのが，ラマンイメージングの結果からAPIと考えられる．表面に観察されている波状の構造は，ブロックコポリマーに

- 182 -

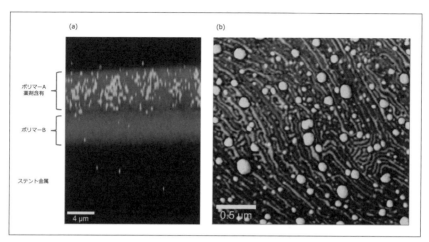

〔図5.25〕(a) 深さ方向ラマンイメージ (b) 原子間力顕微鏡 AFM での表面形状像

よる構造と考えられる.

5-2-4. 食品

　食品産業では，食品の質感や風味を良くするために，乳化剤，安定剤，炭水化物，増粘剤などのさまざまな成分，添加剤，生体高分子が使用されている．成分の分布と微細構造は，食品の特性に大きく影響する．そのため，研究開発および品質管理には，食品中のさまざまな化合物の分布を研究するために強力な分析ツールとして顕微ラマン分光法が使用されている[13-17].

・ホワイトチョコレート
　ホワイトチョコレートのラマンイメージング結果を図5.26に示す．チョコレートの相分離が観察されている．走査領域は $50×50\mu m^2$，150

5. 顕微ラマン分光法のアプリケーション

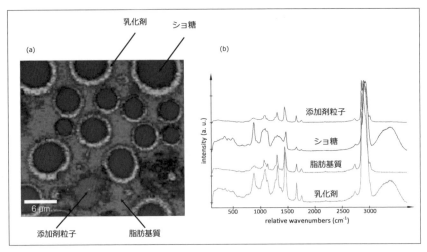

〔図 5.26〕(a) ホワイトチョコレートのラマンイメージ (b) ラマンスペクトル

×150 画素，40msec/ 画素，励起レーザー 532nm を使用している．

ホワイトチョコレートは，少し加温し柔らかくなった時点で，カバーガラスを押し付けて表面を平坦化し，カバーガラスをそのまま装着して室温で観察を行っている．

チョコレートは脂肪基質中にショ糖（水分を含む）が分布している．このショ糖が均一に分散するように乳化剤が用いられる．乳化剤 E476（ポリグリセロールポリリシノレイン酸エステル：PGPR）がショ糖の周りをコートしていることが，ラマンイメージからわかる．また，ショ糖粒子のサイズは 0.65～10μm であった．

・バター

2 つのバター製品を比較し，塗りやすさについて化学的な見地から違いを分析した例を示す．通常のバターと塗りやすいバターの 3D ラマンイメージを図 5.27 に示す．

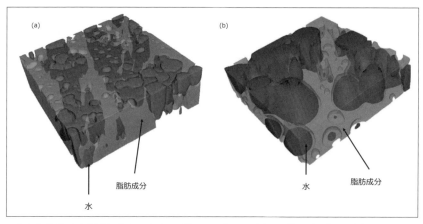

〔図 5.27〕(a) 通常バターの 3D ラマンイメージ (b) 塗りやすいバターの 3D ラマンイメージ

ラマンイメージングは，(a)$12 \times 12 \times 4t\mu m^3(b)12 \times 12 \times 3.3t\mu m^3$でそれぞれ 200×200 画素 (a)6 層 (b)5 層で行われた．水成分と油のエマルション構造が観察された．塗りやすいバターは水分含有量が高く，水滴のサイズが脂肪スプレッドに比べて大きくなっている．

それぞれの脂肪相のラマンスペクトルを図 5.28 に示す．

それぞれのバターは異なる種類の脂肪と油を含んでいることがわかる．脂肪の不飽和度は，$1655cm^{-1}$ の C＝C 伸縮振動モードと，$1444cm^{-1}$ の CH_2 はさみ振動モードの比率で比較することができる[18]．塗りやすいバターの方が通常のバターよりも比率が高い．これは，二重結合（C＝C）を持つ不飽和脂肪酸の量が多いことを示しており，一般に不飽和脂肪酸は常温で液体の状態のため，塗りやすさの向上に寄与していると考えられる．不飽和脂肪酸の量が多く，脂肪分が少ないバターは，従来のバターよりも健康的であると考えられている．

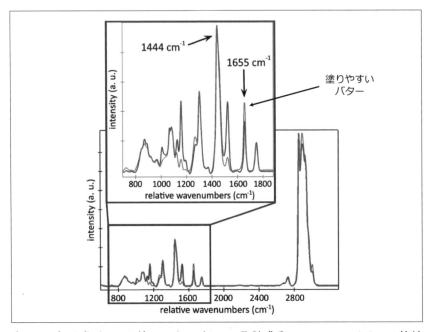

〔図 5.28〕通常バターと塗りやすいバターの脂肪成分のラマンスペクトルの比較

5-2-5. 紙・木材

　紙は用途に応じて，さまざまな要求を満たす必要があり，それにより生産方法が異なっている．たとえば機械パルプ工程で生産されている簡易包装氏は，繊維長が短く黄色がかっている．機械パルプ工程では，木材パルプからリグニンを取り除かないため高い生産収率を達成できる．
　リグニンとは，木材や植物細胞壁に含まれる天然の高分子化合物である．植物の構造材（接着剤）としての役割を果たしており，細胞壁に強度と硬さを与える役割を担っている．リグニンがあることによって，植物は機械的な強度を持ち倒れにくくなる．
　一方，高品質な書写・印刷用の紙には化学パルプ工程が施される．こ

の工程では,リグニンの化学構造を破壊してパルプ内で溶解し,セルロース繊維から洗い流す.繊維の長さが保持されるため,強度が増す.最終的に,加圧・乾燥によって水分を除去して生産される.

写真用紙,装飾用紙などの特殊紙の場合,必要な特性を得るために,コーティング,5-2-1「高分子試料」で述べたラミネート加工,含浸処理などのさらなる処理が行われることがある.

・セルロースファイバー紙

図 5.29(a) にセルロースファイバーの紙の光学顕微鏡像を示す.光学顕微鏡像の枠内で観察したラマンイメージを図 5.29(c) に示す.走査は,$50 \times 50\mu m^2$,128×128 画素,80msec/ 画素で取得した.

図 5.29(b) に示すように,2 つの異なるスペクトルが取得された.2 つのスペクトルの間には,波数 1095cm^{-1} と 1118cm^{-1} のラマンバンドの

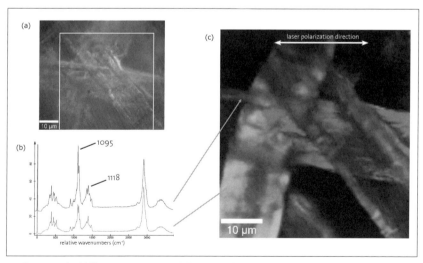

〔図 5.29〕純粋なセルロース繊維 (a) 光学顕微鏡像 (b) ラマンスペクトル (c) ラマンイメージ

強度変化という顕著な違いが見られる．これら2つのバンドは，それぞれ 1095cm^{-1} C-O 伸縮および 1118cm^{-1} C-C 伸縮であり，レーザーの偏光方向に依存している．

図5.29(c) の白い矢印はレーザーの偏光方向を示す．レーザーの偏光方向と平行に配向した繊維は，波数 1095cm^{-1} の C-O 伸縮が増加していることがわかる．

前述の通り，化学パルプ処理ではセルロース繊維からリグニンが洗い流される．また，樹脂酸，トリグリセリド，ステリルエステル，脂肪酸，ステロールなどの抽出物は，アセトンやジクロロメタンといった溶媒を用いることで木材から分離することができる．

製紙工程中には，これらの抽出物の一部が循環水中に放出される．今日では，製紙工場での水使用量を減らす取り組みが進められている．そのため，プロセス内で水が再利用されており，溶解・コロイド状物質が蓄積されていく．特に循環水中での抽出物の濃縮は，沈殿，紙の強度低下，泡立ちなどの問題を引き起こすことがある．

図5.30に紙中の樹脂の分布を測定した結果を示す．この測定では，試料からの蛍光を低減させるために，3-2-2「蛍光対策」で述べたように紙試料を水中で観察を行った．785nm 励起レーザーと背面照射型ディープディプレーション（DD-CCD）検出器を，測定には水浸対物レンズ（NA = 1.0）を使用した．

図5.30(a) 光学顕微鏡像では，レーザーの偏光方向（水平方向）にほぼ垂直に配向した複数のセルロース繊維が観察されている．図5.30(c) に $45 \times 17\mu m^2$，100×100 画素，112 msec/画素で測定されたラマンイメージを示す．図5.30(b) にラマンスペクトルを示している．残存した樹脂

の分布がよく観察されている．図5.30(d)は深さ走査で，$45 \times 40 t\mu m^2$，100×100画素で観察している．ラマンイメージから，樹脂がセルロース繊維を包んでいるが，内部には浸透していないことがわかる．

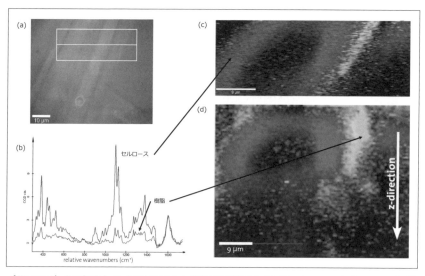

〔図5.30〕紙試料中の樹脂分布 (a) 光学顕微鏡像 (b) ラマンスペクトル (c) 光学顕微鏡像の四角で示した領域のラマンイメージ (d) 光学顕微鏡像のラインで示した場所の深さ方向のラマンイメージ

5−3. 偏光測定

　偏光ラマン分光法は，光の電磁的性質に基づいており，図1.1で示したように，マクスウェルの方程式（Maxwell's equations）から，電磁波の磁界と電界は常に伝搬方向に対して垂直に振動している．非偏光光は電界がランダムな方向に振動する波の重ね合わせになるが，偏光光では全ての波の電界が並行に配置する．

　ラマン分光法で用いられる励起レーザーは，2-2「励起レーザー光源」で述べたように一般的には偏光を持ったレーザーが使用される．そのため，使用する装置の偏光方向については知っておく必要がある．

　試料の分子対称性により，ラマンスペクトルに現れる振動モードは励起光の偏光角度に対して異なることがある．このため，入射光の偏光角度に応じて振動モードのラマン信号の強度が変化する．これは，面内異方性を持つ試料でこのような現象が起こる．一方，配向されていない結晶や等方的な分子構造は，個々のラマンピーク強度に顕著な偏光依存性を示さない．このような理由から，偏光解像ラマン分光法は，観察試料について，異なるドメインの構造や配向などの情報を得ることができる．

・アワビ貝殻

　高い剛性，強度，靭性を持つ材料を開発する上で，軟体動物の貝殻は先進的な機能材料の開発の参考になることがある．アワビの貝殻は，$CaCO_3$の多形体で構成されている．貝殻の外側は，三方晶系 R3c 結晶構造のカルサイトでできている．透明な内側部分は真珠層（ナクレ）と呼ばれ，アラゴナイト（Aragonite）の板状の結晶から成り立っている．ア

ラゴナイトの斜方晶系結晶構造の単位胞（Pnma 空間群）は，格子定数 a＝0.495nm，b＝0.796nm，c＝0.573nm である．図5.31(a) に構造を示す．

図5.31(b) に示す低波数領域のラマンバンドは，CO_3 格子振動モード（並進モードおよびふらつきモード，それぞれ 153 cm^{-1} および 206cm^{-1}）に由来している．1085cm^{-1} に見られる強いピークは，CO_3 伸縮である[19]．

励起レーザーの入射角度とラマン散乱光の検出角度を直交方向に保って，励起レーザー光の偏光を5度ずつ回転させながらラマンイメージを取得した結果を図5.32に示す．

ラマンイメージは，$40 \times 40 \mu m^2$，160×160 画素，60msec/画素で取得した．0°では，入射光の偏光はアラゴナイト結晶のc軸に平行．0〜40°付近までは，図5.31 に示す共配向構造のラマンスペクトルが得られたが，40〜70°では，C-O 伸縮の変動が見られ，図5.31 に示した成分とは反対の角度で偏光効果を示していることがわかった．

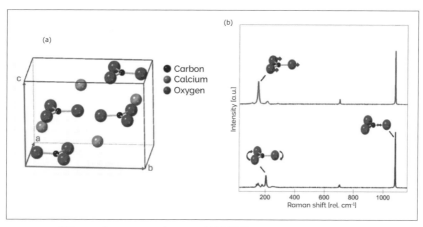

〔図5.31〕(a) アラゴナイト結構構造 (b) ラマンスペクトル

5. 顕微ラマン分光法のアプリケーション

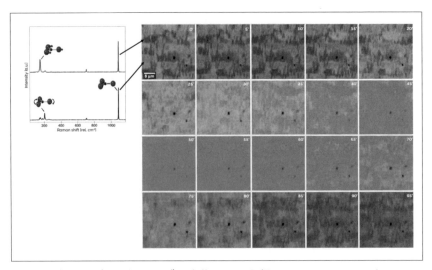

〔図5.32〕偏光を5°ずつ変化させて取得したラマンイメージ

5−4. 温度，応力可変測定

　試料の温度を加熱，冷却，力を加えて測定するニーズは，材料開発分野において常にある．オプションとして，顕微ラマン分光装置に取り付けられるものが，本体と同じメーカーや他のメーカーから販売されている．

・試料加熱・冷却

　図 5.33(a) に Linkam Scientific Instruments 社の冷却加熱ステージを示す．冷却は液体窒素を用いて −100℃ まで可能で，加熱は内部ヒーターにより 420℃ まで加熱できる．同社のステージで −190℃ まで冷却可能なステージや，室温から 1500℃ まで加熱できるステージも用意されている．ステージは軽量でコンパクトなので，試料ステージ上に固定してラマンイメージングを行うことも可能である．

　図 5.33(b) にオックスフォードインスツルメンツ社の He 冷却ステー

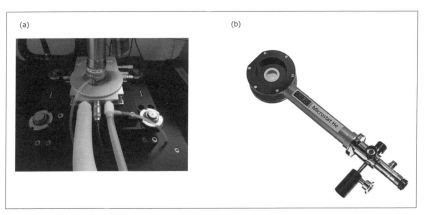

〔図 5.33〕加熱・冷却ステージ

5. 顕微ラマン分光法のアプリケーション

ジを示す．液体 He を使用して試料温度を 4K 近くまで冷却することができる．ステージは重量があり，液体 He のトランスファーチューブが入るため，ステージ上に固定して走査することは困難である．ラマンスペクトルの取得が主目的となる．

・インキュベーションチャンバー

図 5.34 に okolab 社のインキュベーションチャンバーを示す．インキュベーションチャンバーは，細胞を培養しながらラマン分光測定ができるもので，雰囲気ガスも CO_2 等で置換できる．

・引張，圧縮システム

図 5.35 に Linkam Scientific Instruments 社の Modular force stage を用いた低密度ポリエチレン（LDPE）の引張測定例を示す．ポリエチレン

〔図 5.34〕インキュベーションチャンバー

（PE）は化学式 $(CH_2)n$ を持つ合成ポリマーであり，プラスチック包装に最も一般的に使用される材料の1つである．その分子繊維構造や，繊維間の架橋を導入することができ，さまざまな物理的性質を持つプラスチックの製作が可能となり，幅広い用途に適している．

市販の PE 製品は大きく2つのグループに分類される．高密度ポリエチレン（HDPE）は，より硬く不透明な材料で，低密度ポリエチレン（LDPE）は高い柔軟性を持ち，より透明である．そのため，LDPE は食品包装用のラップとして一般的に使用されている．

偏光の測定は，0°〜360°まで行い，各ラマンピークの強度をプロットしている．引張を行う前は偏光の変化がほとんど観察されていないが，元の長さの 15mm から 40mm まで引張を行った試料では，偏光特性が明確に観察されている．励起レーザーは 532nm で 50X N.A. 0.55 の対物レンズを使用して測定している．

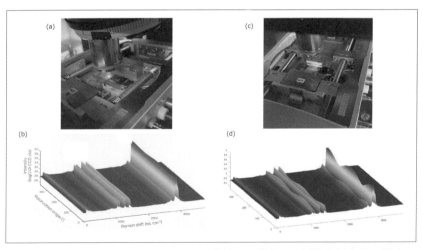

〔図 5.35〕(a) 引張ステージに LDPE を装着した様子 (b) 引張を行う前に測定した偏光角度によるラマンスペクトル (c) ステージにより引張を行った様子 (d) 引張試験後の偏光角度によるラマンスペクトル

参考文献

[1] Namphung Peimyoo, Jingzhi Shang, Weihuang Yang, Yanlong Wang, Chunxiao Cong & Ting Yu, *ACS nano*, 7, 10985 (2013)

[2] 加藤　景子, 北島　正弘, *J.Vac.Soc.Jpn.*, Vol.53, 317 (2010)

[3] P. Gundel, M.C. Schubert and W. Warta, *Phys. Status Solidi*, A 207, 436 (2010)

[4] A.M. Gigler, A.J. Huber, M. Bauer, A. Ziegler, R. Hillenbrand and R.W. Stark, *Optics Express*, 17, 22351 (2009)

[5] T. Wermelinger, C. Borgia, C. Solenthaler and R. Spolenak, *Acta Materialia*, 55, 4657 (2007)

[6] U. Schmidt, W. Ibach, J. Müller, K. Weishaupt, O. Hollricher, *Vibrational Spectroscopy*, 42, 93(2006)

[7] Ling Peng, Shaohua Jiang, Maximilian Seuß, Andreas Fery, Gregor Lang, Thomas Scheibel, Seema Agarwal, *Macromolecular Materials and Engineering*, 301, 48 (2016)

[8] Clara Stiebing, Tobias Meyer, Ingo Rimke, Christian Matthäus, Michael Schmitt, Stefan Lorkowski, Jürgen Popp, *Journal of Biophotonics*, Vol.10, 1217 (2017)

[9] Smith, G.P.S., McGoverin, C.M., Fraser, S.J., Gordon, K.C., *Advanced Drug Delivery Reviews*. 89, 21 (2015)

[10] Haefele T.F., Paulus K., Confocal Raman Microscopy in Pharmaceutical Development. Vol. 158. Heidelberg: Springer Series in Optical Sciences(2010)

[11] Wormuth K, Characterization of Therapeutic Coatings on Medical Devices, Vol. 158. Heidelberg: Springer Series in Optical Sciences(2010)

[12] Kevin B Biggs, Karin M Balss, Cynthia A Maryanoff, *Langmuir*. May 29;28(21),8238(2012)

[13] Geoffrey P.S. Smith, Stephen E. Holroyd, David C. W. Reid, Keith C. Gordon, *J Raman Spec.*,48, 374 (2016)

[14] I. A. Larmour et al., Raman microspectroscopy mapping of chocolate, *Int. Conf Raman Spec*, 758 (2010).

[15] Julien Huen, Christian Weikusat, Maddalena Bayer-Giraldi, Ilka Weikusat, Linda Ringer, Klaus Lösche, *J Cereal Sci*, 60, 555 (2014).

[16] G. van Dalen, E. J. J. van Velzen, P. C. M. Heussen, M. Sovago, K. F. van Malssen, J. P. M. van Duynhoven, *J Raman Spec*, 48, 1075 (2017).

[17] E.M. Both, M. Nuzzo, A. Millqvist-Fureby, R.M. Boom, M.A.I. Schutyser, *Food Res Int*, 109, 448 (2018).

[18] K. Czamara, K. Majzner, M. Z. Pacia, K. Kochan, A. Kaczor, M. Baranska, *J. Raman Spectrosc.* 46,4(2015)

[19] G. A. Farfan, C. Zhou, J. W. Valley, I. J. Orland, *Geochemistry, Geophysics, Geosystems*, 22(12),(2021)

顕微ラマン分光装置と他顕微鏡との融合

本章では，他の分析装置と顕微ラマン分光装置の組み合わせについて装置の構成と測定例の紹介を行う．

顕微ラマン分光装置は，高い空間分解能で試料の化学的特性を観察できる分析装置であるが，試料表面の形状などの物理的特性を得ることはできない．そのため，原子間力顕微鏡（AFM）との組み合わせや，さらに高分解能の走査電子顕微鏡（SEM）と組み合わせた装置が考案されている．

6－1．原子間力顕微鏡 AFM との融合

原子間力顕微鏡法（Atomic Force Microscopy: AFM）[1] は，試料表面の形状をサブナノメートルオーダーの高い分解能で測定できるだけでなく，試料の硬さ，導電性，表面電位，磁性なども測定できるモードを有する手法である．

AFM は，試料の表面形状を正確に測定できる利点があるが，走査範囲は最大でも $100 \mu m^2$ 程度，高さ方向は最大数 μm 程度という制約がある．

顕微ラマン分光装置と AFM を組み合わせることで，顕微ラマン分光装置の光学顕微鏡から得られる試料の光学顕微鏡像（光学顕微鏡の構成によっては偏光像も取得できる），ラマン分光による試料の構造情報，AFM による物理特性（表面の形状像を含む）など，より多角的に試料の分析を行うことが可能になる．

走査型プローブ顕微鏡（Scanning Probe Microscopy: SPM）と呼ばれることがあるが，これは 1982 年に開発された走査型トンネル顕微鏡（Scanning Tunneling Microscopy: STM）[2] と AFM の総称で使用されてい

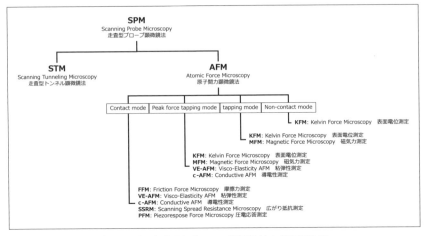

〔図 6.1〕走査型プローブ顕微鏡と関連技術

る．AFM はその後さまざまな応用観察手法が開発されてきた．

図 6.1 に走査型プローブ顕微鏡と応用観察手法について示す[3]．AFM は，探針と試料との間に働く力をどのような領域でフィードバックを行うかで，コンタクトモード，ピークフォースタッピングモード，タッピングモード，ノンコンタクトモードに分類される．この中で一般的に良く使用されるのは，コンタクトモードとタッピングモードとなる．

6-1-1．原子間力顕微鏡 AFM の原理

AFM は，図 6.2 に示すように，Si や窒化シリコン (Si_3N_4) でできた長さ 100μm, 幅 10μm, 厚み 3μm 程度の片持ち梁（カンチレバー）の先端部分に，曲率半径が数 nm の探針を取り付けたものをプローブとして用いる．

カンチレバーの探針を試料に近づけ，探針と試料の間に作用する力が一定となるように試料－探針間の距離を制御しながら試料表面を走査す

ることで，試料表面の形状を得る．動作原理を図6.3に示す．

ここで，探針の動きを検知するために光てこ方式が用いられる．レーザー光をカンチレバーの背面に照射し，その反射光を4分割のフォトダ

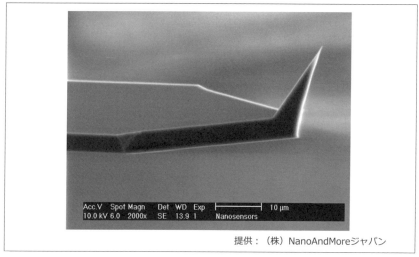

〔図6.2〕カンチレバー SEM 写真

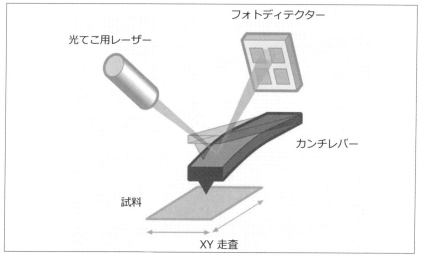

〔図6.3〕原子間力顕微鏡 AFM の原理

イオード (PD) で検出する．上半分と下半分の差分を取ることで，カンチレバーの傾きを検出する．この傾き，すなわち探針－試料間に加わる力が一定となるように高さ制御（フィードバック）を行い，試料表面を走査した際のフィードバックによる高さ方向の情報が表面形状像となる．この方式をコンタクトモードと呼び，探針－試料間に作用する力は斥力となる．

探針と試料間の斥力は，理想的には中性の2個の分子間に働くLennard-Jones ポテンシャルエネルギーに従う．このポテンシャルエネルギーは次の式で表される．

$$U(d) = 4\epsilon\{(\frac{\sigma}{d})^{12} - (\frac{\sigma}{d})^6\} \quad \cdots\cdots (6.1.1)$$

ここで，d は分子間の距離，σ は分子間距離 d においてポテンシャルがゼロになる距離，ε はポテンシャルの深さを示すパラメータ．これを d で微分すると原子間に作用する力 $F(d)$ となる．

$$F(d) = -\frac{U(d + \Delta d) - U(d)}{\Delta d}$$

$$F(d) = -4\epsilon(-12\frac{\sigma^{12}}{d^{13}} + 6\frac{\sigma^6}{d^7}) \quad \cdots\cdots (6.1.2)$$

探針が試料から十分に遠い場合には，探針－試料間には弱い引力が働く．探針が試料に近づくと，引力がカンチレバーのバネ定数を超えてカンチレバーが曲がり，探針が試料表面に接触する（Jump in 現象）．さらに探針を近づけていくと，カンチレバーがたわみ，探針－試料間には斥力が作用するようになる．図 6.4 に Lennard-Jones ポテンシャルエネルギーとカンチレバーの変位を示すフォースカーブを示す．斥力 F はカンチレバーのバネ定数 k とカンチレバーのたわみ量 Δx を用いて次のよう

に与えられ，その力は nN オーダーの力である．

$$F = k \cdot \Delta x \quad \cdots\cdots\cdots\cdots\cdots\cdots\cdots\cdots\cdots\cdots\cdots\cdots\cdots\cdots\cdots (6.1.3)$$

コンタクトモードでは，探針と試料が常に接触しているため，例えば導電性の探針を用いて試料−探針間にバイアス電圧を印加し，その際に流れる電流を検出することで，試料の導電性イメージングを行うことができる．また，試料の Z 方向に微小な振動を加えてカンチレバーの変位をロックインアンプで検出することで，試料の粘性・弾性イメージングを行うことも可能である．

コンタクトモードでは，このようにさまざまな物理量の測定が可能である一方，探針−試料間に斥力が働くため，柔らかい試料を測定する際には，走査中に探針が試料表面を傷つけ，試料に引っかかってイメージ

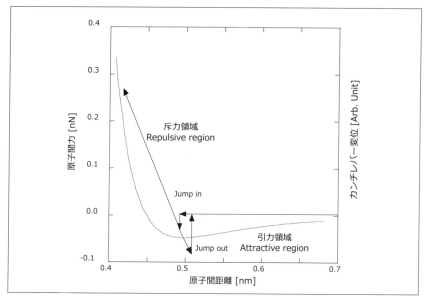

〔図 6.4〕Lennard-Jones ポテンシャルエネルギーとフォースカーブ

をうまく取得できないことがある.

このような問題を解決するために,タッピングモード (tapping mode) が開発された.カンチレバー取り付け部に圧電素子を取り付け,カンチレバー自体の共振周波数で加振を行う.横軸に加振周波数,縦軸にカンチレバーの振幅をプロットすると,図6.5に示すようにQ-curveと呼ばれるものが得られ,カンチレバーの共振周波数で振幅が最大となる.

カンチレバーを共振状態で試料に近づけると,試料表面に間欠的に接触するようになり,図6.5に示すようにカンチレバーの振幅が小さくなる.この振幅が一定となるように,探針-試料間の距離にフィードバックをかけて試料表面を走査すると,表面形状が得られる.

タッピングモードは,コンタクトモードに比べて試料に与えるダメージが少なく,簡単に形状像を得られるため広く使用されている[4].タッピングモード時に探針が試料に与える力は,次のように求めることがで

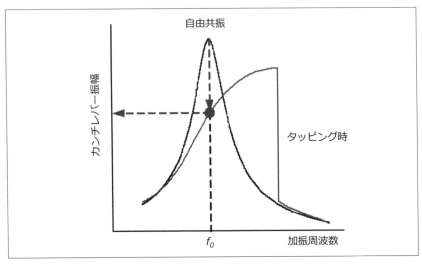

〔図6.5〕タッピングモード (tapping mode)

きる[5].

$$\Delta A = \frac{A^2 - A'^2}{2A'Q} \quad \cdots\cdots\cdots\cdots\cdots\cdots\cdots\cdots\cdots\cdots\cdots\cdots\cdots\cdots \quad (6.1.4)$$

ここで，Aは自由振動時のカンチレバーの振動振幅，A'はタッピング時のカンチレバーの振動振幅，QはカンチレバーのQ値である．カンチレバーのバネ定数kから試料に与える力Fは次の式で得られる．

$$F = k\Delta A \quad \cdots\cdots\cdots\cdots\cdots\cdots\cdots\cdots\cdots\cdots\cdots\cdots\cdots\cdots\cdots\cdots \quad (6.1.5)$$

しかしタッピングモードでは，弾性イメージや導電性のイメージを得ることは困難である．近年では，このコンタクトモードとタッピングモードの両方を組み合わせたピークフォースタッピングモードという手法も開発されている．

6－1－2．顕微ラマン装置とAFMの組み合わせ

顕微ラマン装置にAFMを搭載した装置が開発されている．その中でも，対物レンズにAFM機能を組み込んだコンパクトな機構が開発されている．

図6.6に示すように，対物レンズの先端横からカンチレバーを取り付けたアームがXYZ方向に圧電駆動モーターで動き，光てこ用レーザーをカンチレバー先端に照射できるような構造となっている．光てこ用レーザーは対物レンズを通してカンチレバーに照射され，カンチレバーで反射したレーザー光は再び対物レンズを通して4分割フォトダイオードで検出される．光てこ用レーザーの波長は，後述の探針増強ラマンを行うために，ラマン励起レーザー光の波長と干渉しないように，

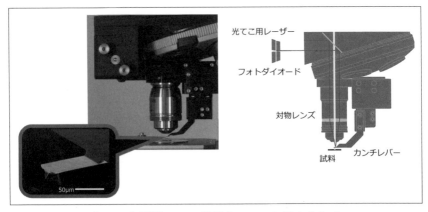

〔図 6.6〕顕微ラマン装置と AFM の組み合わせ

1000nm 程度の赤外光が使用されている．

AFM では最大走査範囲は $100\mu m^2$ 程度であり，ラマンイメージングで使用している XYZ のモーターステージでは分解能や応答速度が足りないため，圧電素子を用いた XYZ スキャナーが別途搭載される．

6-1-3. 観察例

観察例として，PMMA と PET 樹脂を混合し，スライドガラス上に伸展させた試料を，AFM および 2 次元ラマンイメージングで観察した結果を図 6.7 に示す．

図 6.7(a) で示す AFM 像は，タッピングモードを利用して $20 \times 20 \mu m^2$ で走査を行ったもので，画素数は 256 × 256 画素で走査時間は 10 分である．得られた表面形状像を 3D で表示している．AFM では，一般的に試料の高い部分が明るく，低い部分が暗く表示され，試料が 3 層の構造となっていることがよくわかる．

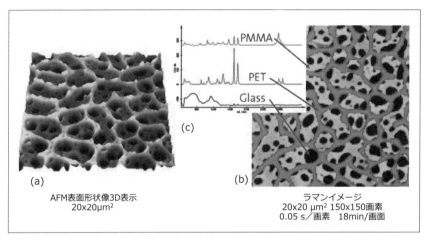

〔図 6.7〕PMMA と PET 樹脂観察例

図 6.7(b) で示すラマンイメージは，AFM 像とは異なる場所であるが，同じ走査サイズ $20 \times 20 \mu m^2$ で行われたものである．PET が網目構造，PMMA がその下部で穴あきのシート構造となっており，穴の部分は基板のガラスが見えていることがわかる．

このように，AFM では試料の形状を正確に計測でき，ラマン測定では試料の組成を知ることができる．AFM 像とラマンイメージを組み合わせることにより，試料の形状構造と組成の両方を把握することができる．

次に図 6.8 に，Si 基板上にグラフェンを転写した試料の観察例を示す．
光学顕微鏡像では，中央部に数層のグラフェンが確認されているが，グラフェンの層数の特定まではできない．
ラマンイメージングでは，単層グラフェンの場合には D^* ピークが G ピークより高く，2 層グラフェンでは D^* ピークと G ピークの強度がほぼ同じになることが知られている．このことから，試料のグラフェンの

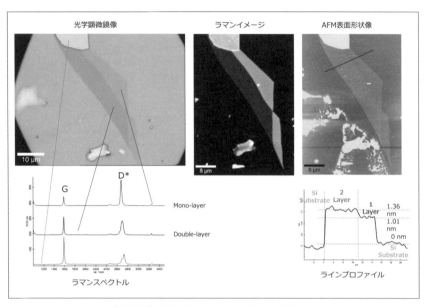

〔図 6.8〕Si 基板上のグラフェン観察例

1層目と2層目が明確に区別されている．

　AFM 像中の黒線で示した箇所の高さ表示（ラインプロファイル）では，1層目と2層目の高さの違いが 0.35nm であり，ほぼ単層であることが確認できる．また，Si 基板と1層目の高さ差は 1nm 程度であることがわかる．しかし，AFM 像だけでは1層目の判断は難しい．さらに，ラマン像には現れていない左側の形状は，グラフェンではなく，転写時に残った粘着テープの残渣であると予想される．

　このように，AFM 像とラマン像から得られる情報を組み合わせることで，試料の分析を多角的に行うことができる．

6－1－4．探針増強ラマン

　探針増強ラマン（Tip Enhanced Raman Spectroscopy: TERS）は，AFM探針とラマン散乱の相互作用を利用した，近年注目されている手法である[6]．ラマンイメージングにおいて，3-3-3「2次元ラマンイメージの分解能」で述べたように横方向の分解能は数100nm程度となるが，TERSではそれを超える分解能を実現することができる．

　励起レーザーで試料が励起されている領域に，金属（主にAuやAg）をコートしたAFM探針が接触すると，金属探針によってラマン散乱光が増強され，通常のラマン散乱光よりも強く検出される．これにより，探針の曲率程度の分解能（数nm～）でラマンイメージを取得することが可能となる．

　図6.9に示すセットアップでラマンイメージングを行った場合，横方向の分解能は探針の曲率半径に依存し，数nmから数10nm程度となるため，従来のラマンイメージングと比較して飛躍的に分解能が向上する．

　図6.10に示すカンチレバーにAgをコートした探針をカーボンナノファイバーに接触させた状態と，数10nm程度離した状態でのラマンスペクトルを比較すると，接触状態においては探針増強効果によりラマン信号が顕著に増加していることが確認できる．

　探針を接触した状態では，カーボンのGバンドのピークが4.2倍，Dバンドのピークが12倍となっており，これが探針による増強効果を示している．

　カーボンナノファイバーにAuをコートしたカンチレバーで観察した結果を図6.11に示す．ラマン像からカーボンナノファイバーの直径は約20nmであることが確認されている．

❖ 6．顕微ラマン分光装置と他顕微鏡との融合

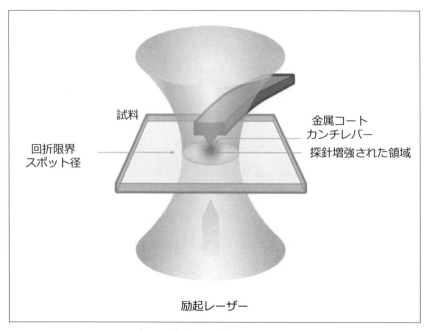

〔図 6.9〕探針増強ラマン原理

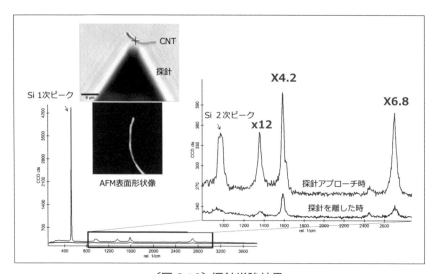

〔図 6.10〕探針増強結果

このように，探針増強ラマン（TERS）はラマンイメージングの空間分解能を飛躍的に向上させる可能性を秘めている．しかし，現時点では再現性の確保や，金属コートされたカンチレバーの製作が必要であるなどの課題が残っているため，今後のさらなる技術発展が切望されている．

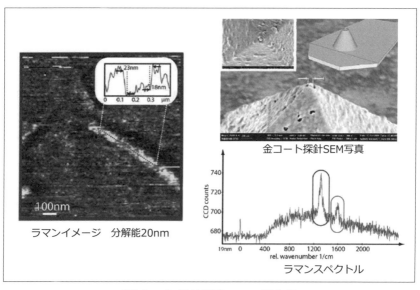

〔図 6.11〕探針増強ラマン観察例

6−2. 走査電子顕微鏡 SEM との融合

走査電子顕微鏡（SEM: Scanning Electron Microscope）は，ナノメートル（nm）レベルの分解能で試料表面を観察できる，広く知られた観察装置である[7]．SEM とラマン分光法を組み合わせることにより，SEM により観察領域を特定し，その領域でラマンイメージングを行うことが可能になる．

また，エネルギー分散型 X 線分光器（EDS: Energy Dispersive X-ray Spectrometer）や波長分散型 X 線分光器（WDS: Wavelength Dispersive X-ray Spectrometer）を用いることで，試料の元素分析を nm 領域で行うことができる．ラマン分光装置と SEM および EDS, WDS を組み合わせることにより，試料の元素分析と化学結合状態を取得でき，多角的に試料分析を行うことが可能となる．

6−2−1. 走査電子顕微鏡 SEM の原理

図 6.12 に示す電子プローブ（加速し細く絞った電子）を試料に照射すると，試料から二次電子，反射電子，特性 X 線などが放出される[8]．

二次電子は，試料表面近くから放出され，電子プローブを二次元的に走査しながら，二次電子を検出器で検出し，その強度をイメージ化することで試料表面の形状を反映した画像を観察できる．

SEM は，図 6.13 に示す電子プローブを発生させる電子銃，電子プローブを細く絞るための集束レンズ，対物レンズ，そして電子プローブを走査させる走査コイルを備えている．（レンズと言っても電子線に対する

レンズ効果をもたらす機能）試料は試料ステージ上に配置され，視野を探す際は試料ステージを XY（Z）方向に移動させて行う．試料から放出された二次電子は二次電子検出器で検出され，コンピュータ画面上に画

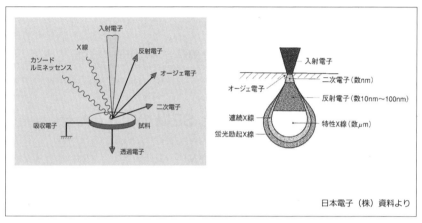

〔図 6.12〕入射電子と散乱

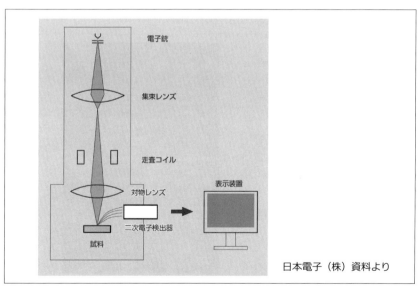

〔図 6.13〕走査電子顕微鏡 SEM の原理

像として表示される．

また，電子プローブが気体分子と衝突しないように，SEMの鏡筒や試料室内部は真空に排気されている．鏡筒部分は高真空～超高真空（$10^{-5} \sim 10^{-8}$ Pa）に保たれているが，試料室部分は通常高真空（$10^{-3} \sim 10^{-5}$ Pa）である．また，電子線によるチャージアップを防ぐために，試料室部分を低真空（1～100 Pa）領域で観察できる低真空SEMもある．

6-2-2．顕微ラマン装置とSEMの組み合わせ

SEMとラマン分光装置の融合は，SEMをベースとし，SEMの拡張ポート（EDSやWDS取り付け用ポート）にラマン分光装置を取り付ける形となる．SEMのチャンバー内部は真空状態であるため，ラマン分光装置には光学顕微鏡と対物レンズとの間に真空を維持するための窓（光学ガ

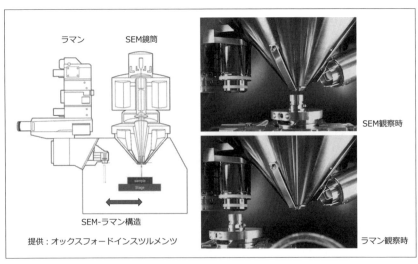

〔図6.14〕顕微ラマン装置とSEMの組み合わせ

ラスウィンドウ）が設置されている．

図 6.14 に示すように SEM 観察は，SEM 鏡筒下で行われ，その後ステージがラマン分光装置の対物レンズ下に移動して観察が行われる．この際，ステージは SEM で観察した領域と同じ場所に正確に移動するよう制御されている．

図 6.15 に鉱物試料の SEM 観察像とラマン分光装置での光学顕微鏡像を示している．図 6.15(a) は SEM 観察による反射電子像で，(b) は同じ場所のラマン分光装置で得られた光学顕微鏡像である．両者はほぼ同一倍率で撮影されているが，見え方は大きく異なっている．このためステージが同一場所に自動で移動する機能は非常に重要である．もし，SEM で観察した領域をラマン分光装置の光学顕微鏡を用いて手動で再度探すとなると，多大な労力がかかる可能性がある．

SEM に取り付けた顕微ラマン分光装置では，SEM の試料ステージは走査機能を有していないため，試料ステージを走査してイメージングを行うことはできない．ラマンイメージングは，励起レーザー光を走査す

〔図 6.15〕鉱物試料の SEM 像と光学顕微鏡像

る方法，または対物レンズを走査する方法があり，いずれの手法でも通常の分解能および操作手順でラマンイメージングを実施することが可能である．

　SEM観察においては，電子線によって試料表面にカーボンの汚染が付着することがある．これは，SEM観察時に高倍率で観察した後，低倍率で観察すると，高倍率で観察した領域が暗く観察される現象である．SEMの二次電子像では，暗く表示されるため表面が低く見えるが，実際には試料表面にカーボンが形成されており，AFMで観察するとその部分が高く観察される．この部分でラマンスペクトルを取得すると，$1350 cm^{-1}$のDバンド，$1600 cm^{-1}$のGバンドに相当するカーボンが検出されることがある．

　SEMを用いて観察場所を探す場合は，低倍率（数100〜1000倍程度）で行うことが推奨される．SEMでの微細構造の観察やEDS測定は，ラマン測定を行った後に実施するのが良い．

6-2-3．観察例

　Liイオンバッテリーの観察結果を図6.16に示す．図6.16(a)にはSEMの二次電子像を示す．この領域におけるEDSのマッピング結果を図6.16(b)に示す．EDSマッピングでは，各元素の分布をマッピングすることができている．

　図6.16(c)にはラマンイメージングの結果を示す．ラマンスペクトルから，カーボンの状態や高分子材料の分布が明確に区別できていることがわかる．

図 6.17 に Si 基板上に伸展させた MoS_2 の観察例を示す．図 6.17(a) には SEM 二次電子像を示し，(b) および (c) にはラマンイメージおよび対応するラマンスペクトルを示している．SEM 像と対応したラマンイメージが得られていることがわかる．

このように，SEM とラマン分光装置の融合は，SEM による形状観察

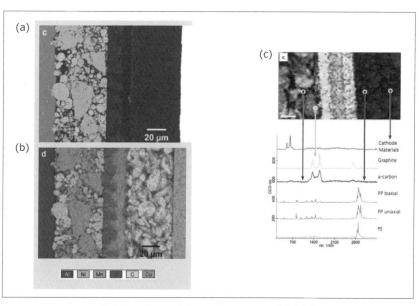

〔図 6.16〕Li イオンバッテリーの観察例

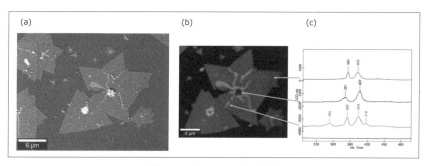

〔図 6.17〕MoS_2 の観察例

や元素解析に加え，ラマン分光による化学的状態分析も行えるため，今後ますます注目される手法であると言える．

参考文献

[1] G. Binnig, C.F. Quate, Ch. Gerber, Phys. Rev. Lett.,56,930(1986)

[2] G. Binnig, H. Roher, Ch. Gerber and E.Weibel, Phys. Rev. Lett. 49, 57(1982)

[3] 中本圭一，日本画像学会誌第 50 巻第 5 号 432(2011)

[4] Q. Zhong, D. Inniss, K. Kjoller, V.B. Elings, *Surf. Sci. Lett.*, 290 L688 (1993)

[5] 森田清三，原子・分子のナノ力学，丸善 (2003)

[6] Shi Xian, Coca-López Nicolás, Janik Julia, Hartschuh Achim, *Chemical Reviews*. 117 (7): 4945(2017)

[7] 鈴木 俊明，本橋 光也，実践 SEM セミナー：走査電子顕微鏡を使いこなす，裳華房 (2022)

[8] SEM 走査電子顕微鏡 A～Z SEM を使うための基礎知識，日本電子 Applications Note

索引

あ
圧縮応力 ・・・・・・・・・・・・・・・・・・・・・・・・・ 15, 91, 163
後処理 ・・・・・・・・・・・・・・・・・・・・・・・・・・・・・・・・・・・ 119
アバランシェフォトダイオード ・・・・・・・・・・・・・ 63
アポクロマート ・・・・・・・・・・・・・・・・・・・・・・・・・・・ 35
アラゴナイト ・・・・・・・・・・・・・・・・・・・・・・・・・・・ 190
暗視野観察 ・・・・・・・・・・・・・・・・・・・・・・・・・・・・・ 29
アンチストークス散乱 ・・・・・・・・・・・・・・・・・・・・・ 9

い
異型細胞 ・・・・・・・・・・・・・・・・・・・・・・・・・・・・・ 179
インターフェログラム ・・・・・・・・・・・・・・・・・・・・ 19

う
宇宙線除去 ・・・・・・・・・・・・・・・・・・・・・・・・ 120, 121

え
エアリーディスク ・・・・・・・・・・・・・・・・・・・・・・・・ 93
エネルギー分散型 X 線分光器 ・・・・・・・・・・・・ 214
円偏光 ・・・・・・・・・・・・・・・・・・・・・・・・・・・・・・・・ 33

お
オレイン酸 ・・・・・・・・・・・・・・・・・・・・・・・・・・・・ 179

か
ガーネット ・・・・・・・・・・・・・・・・・・・・・・・・・・・・ 168
カーボンナノチューブ ・・・・・・・・・・・・・・・・・・ 157
開口数 ・・・・・・・・・・・・・・・・・・・・・・・・・・・・ 35, 92
階層型クラスタリング ・・・・・・・・・・・・・・・・・・ 145
ガウシアンビーム ・・・・・・・・・・・・・・・・・・・・・・・ 32
核小体 ・・・・・・・・・・・・・・・・・・・・・・・・・・・・・・ 178
下焦点 ・・・・・・・・・・・・・・・・・・・・・・・・・・・・・・・ 38
過焦点 ・・・・・・・・・・・・・・・・・・・・・・・・・・・・・・・ 38
滑沢剤 ・・・・・・・・・・・・・・・・・・・・・・・・・・・・・・ 147
カバレット ・・・・・・・・・・・・・・・・・・・・・・・・・・・・・ 74
カルサイト ・・・・・・・・・・・・・・・・・・・・・・・・・・・・ 190
含水ケイ酸塩相 ・・・・・・・・・・・・・・・・・・・・・・・ 169
カンチレバー ・・・・・・・・・・・・・・・・・・・・・・・・・ 202

き
教師あり機械学習 ・・・・・・・・・・・・・・・・・・・・・ 147
教師データ ・・・・・・・・・・・・・・・・・・・・・・・・・・・ 147
教師なし機械学習 ・・・・・・・・・・・・・・・・・・・・・ 145
共役焦点 ・・・・・・・・・・・・・・・・・・・・・・・・・・・・・ 38

く
クラスタリング ・・・・・・・・・・・・・・・・・・・・・・・・ 145
クラス分類 ・・・・・・・・・・・・・・・・・・・・・・・・・・・ 147
グラファイト ・・・・・・・・・・・・・・・・・・・・・・・・・・・ 14
グラフェン ・・・・・・・・・・・・・・・・・・・・・・・・・・・ 209
グレーティング ・・・・・・・・・・・・・・・・・・・・・・・・・ 47

け
蛍光 ・・・・・・・・・・・・・・・・・・・・・・・・・・・・・・・・・ 78
計量化学 ・・・・・・・・・・・・・・・・・・・・・・・・・・・・ 137
結晶化度 ・・・・・・・・・・・・・・・・・・・・・・・・・・・・・ 15
ケモメトリックス ・・・・・・・・・・・・・・・・・・・ 119, 137
ケラー照明 ・・・・・・・・・・・・・・・・・・・・・・・・・・・・ 28
検光子 ・・・・・・・・・・・・・・・・・・・・・・・・・・・・・・・ 29
原子間力顕微鏡 ・・・・・・・・・・・・・ 155, 163, 182, 201
原薬 ・・・・・・・・・・・・・・・・・・・・・・・・・・・・・・・・ 181

こ
交互禁制律 ・・・・・・・・・・・・・・・・・・・・・・・・・・・ 17
高分子材料 ・・・・・・・・・・・・・・・・・・・・・・・・・・ 171
骨格振動領域 ・・・・・・・・・・・・・・・・・・・・・・・・・ 12
コマ収差 ・・・・・・・・・・・・・・・・・・・・・・・・・・・・・ 44
固有値 ・・・・・・・・・・・・・・・・・・・・・・・・・・・・・・ 143
コンタクトモード ・・・・・・・・・・・・・・・・・・・・・・ 204

さ
作動距離 ・・・・・・・・・・・・・・・・・・・・・・・・・・・・・ 36
サポートベクターマシン ・・・・・・・・・・・・・・・・ 148
残留応力 ・・・・・・・・・・・・・・・・・・・・・・・・・・・・・ 91

し
脂肪基質 ・・・・・・・・・・・・・・・・・・・・・・・・・・・・ 184
指紋領域 ・・・・・・・・・・・・・・・・・・・・・・・・・・・・・ 12
視野絞り ・・・・・・・・・・・・・・・・・・・・・・・・・・ 28, 29
集束イオンビーム ・・・・・・・・・・・・・・・・・・ 159, 165
樹状図 ・・・・・・・・・・・・・・・・・・・・・・・・・・・・・・ 146
主成分分析 PCA ・・・・・・・・・・・・・・・・・・・・・・ 143
小胞体 ・・・・・・・・・・・・・・・・・・・・・・・・・・・ 176, 178
ショットキーノイズ ・・・・・・・・・・・・・・・・・・・・・ 52
ショ糖 ・・・・・・・・・・・・・・・・・・・・・・・・・・・・・・ 184
試料管 ・・・・・・・・・・・・・・・・・・・・・・・・・・・・・・・ 74
試料固定用粘土 ・・・・・・・・・・・・・・・・・・・・・・・ 71
真核細胞 ・・・・・・・・・・・・・・・・・・・・・・・・・・・・ 178

真空分散法 ・・・・・・・・・・・・・・・・・・・・・・・・ 70
真珠層 ・・・・・・・・・・・・・・・・・・・・・・・・・・・・ 190

す
水相包有物 ・・・・・・・・・・・・・・・・・・・・・・・・ 168
ストークス散乱 ・・・・・・・・・・・・・・・・・・・・・・ 8
スピネル構造 ・・・・・・・・・・・・・・・・・・・・・・ 165

せ
星間塵粒子 ・・・・・・・・・・・・・・・・・・・・・・・・ 167
正焦点 ・・・・・・・・・・・・・・・・・・・・・・・・・・・・・ 39
生体模倣 ・・・・・・・・・・・・・・・・・・・・・・・・・・ 173
赤外 ATR ・・・・・・・・・・・・・・・・・・・・・・・・・・・ 18
赤外活性 ・・・・・・・・・・・・・・・・・・・・・・・・・・・ 17
赤外分光 ・・・・・・・・・・・・・・・・・・・・・・・・・・・ 17
積算表示 ・・・・・・・・・・・・・・・・・・・・・・・・・・ 137
選択律 ・・・・・・・・・・・・・・・・・・・・・・・・・・・・・ 17
全反射測定法 ・・・・・・・・・・・・・・・・・・・・・・・ 18
前方照射型 ・・・・・・・・・・・・・・・・・・・・・・・・・ 53

そ
双極子モーメント ・・・・・・・・・・・・・・・・・・・ 17
走査型トンネル顕微鏡 ・・・・・・・・・・・・・・ 201
走査型プローブ顕微鏡 ・・・・・・・・・・・・・・ 201
走査電子顕微鏡 ・・・・・・・・・・・・・・・ 158, 214

た
ダイクロイックミラー ・・・・・・・・・・・・・・・ 33
対物レンズ ・・・・・・・・・・・・・・・・・・・・・・・・・ 34
ダイヤモンド ・・・・・・・・・・・・・・・・・・・・・・・ 13
多層ポリマー ・・・・・・・・・・・・・・・・・・・・・・ 171
タッピングモード ・・・・・・・・・・・・・・・・・・ 206
炭酸塩相 ・・・・・・・・・・・・・・・・・・・・・・・・・・ 168
探針増強ラマン ・・・・・・・・・・・・・・・・・・・・ 211

ち
窒化ガリウム ・・・・・・・・・・・・・・・・・・・・・・ 158

つ
ツェルニー・ターナー ・・・・・・・・・・・・・・・ 44

て
ディープラーニング ・・・・・・・・・・・・・・・・ 148
低密度ポリエチレン ・・・・・・・・・・・・・・・・ 194
低密度リポタンパク質 ・・・・・・・・・・・・・・ 179
デミキシング ・・・・・・・・・・・・・・・・・・・・・・ 126

電界紡糸 ・・・・・・・・・・・・・・・・・・・・・・・・・・ 173
デンドログラム ・・・・・・・・・・・・・・・・・・・・ 145

と
同焦点距離 ・・・・・・・・・・・・・・・・・・・・・・・・ 36
特性 X 線 ・・・・・・・・・・・・・・・・・・・・・・・・・ 214
ドラッグデリバリーシステム ・・・・・・・・ 182

な
ナノパーコレーター ・・・・・・・・・・・・・・・・・ 70
軟膏薬 ・・・・・・・・・・・・・・・・・・・・・・・・・・・ 181

に
二次電子 ・・・・・・・・・・・・・・・・・・・・・・・・・・ 214
乳化剤 ・・・・・・・・・・・・・・・・・・・・・・・・・・・ 184

ね
熱雑音 ・・・・・・・・・・・・・・・・・・・・・・・・・・・・・ 52

の
ノイズフィルタリング ・・・・・・・・・・・・・・ 121
ノッチフィルター ・・・・・・・・・・・・・・・・・・・ 40

は
背面照射型 ・・・・・・・・・・・・・・・・・・・・・・・・・ 53
波数 ・・・・・・・・・・・・・・・・・・・・・・・・・・・・・・・ 10
波長分散型 X 線分光器 ・・・・・・・・・・・・・ 214
バックグラウンド除去 ・・・・・・・・・ 120, 122
反射電子 ・・・・・・・・・・・・・・・・・・・・・・・・・・ 214
半導体材料 ・・・・・・・・・・・・・・・・・・・・・・・・ 162
バンドギャップ ・・・・・・・・・・・・・・・・・・・・・ 57

ひ
ピークフィッティング ・・・・・・・・・・・・・・ 139
光てこ方式 ・・・・・・・・・・・・・・・・・・・・・・・・ 203
光電子増倍管 ・・・・・・・・・・・・・・・・・・・・・・・ 63
ビッカース硬度計 ・・・・・・・・・・・・・・・・・・ 162
引張応力 ・・・・・・・・・・・・・・・・・・ 15, 91, 163
非負値行列分解 ・・・・・・・・・・・・・・・・・・・・ 144
ピンホール ・・・・・・・・・・・・・・・・・・・・・・・・・ 39

ふ
フーリエ変換赤外分光法 ・・・・・・・・・・・・・ 18
フォースカーブ ・・・・・・・・・・・・・・・・・・・・ 204
フォトルミネッセンス ・・・・・・・・・・・・・・ 156
賦形剤 ・・・・・・・・・・・・・・・・・・・・・・・ 100, 147

索引

不飽和脂肪酸 ･･････････････････ 185
フラウンホーファー回折強度 ･･････････ 94
プランアポクロマート ･･･････････････ 35
ブレーズ角 ･････････････････････ 48
ブレーズド回折格子 ･･････････････ 47
ブレーズ波長 ･･･････････････ 48, 49
分極率 ･･････････････････････ 17
分光器 ･･････････････････････ 44
分散型赤外分光光度計 ････････････ 18

へ

並行光学系 ････････････････ 28, 38
偏光観察 ･････････････････････ 29
偏光子 ･･････････････････････ 29

ほ

泡沫細胞 ････････････････････ 179
ホールスライドガラス ･････････････ 69
ポリエチレンプロピレン ･･････････ 174
ポリスチレン ･･････････････････ 174
ポリ乳酸 ････････････････････ 173
ポリプロピレン ･････････････････ 12
ポリマークリーナー ････････････････ 62
ポリメチルメタクリレート ････････ 175

ま

マイケルソン干渉計 ･････････････ 18
マクロファージ ･･････････････ 179

み

ミトコンドリア ･････････････････ 176

む

無音領域 ････････････････････ 12

や

薬剤 ･････････････････ 100, 147
薬剤溶出ステント ･････････････ 182

ゆ

油浸オイル ･･･････････････････ 149

よ

余剰ノイズファクター ･････････････ 56
読み出しノイズ ･･････････････････ 52

ら

ラット上皮細胞 ･････････････････ 176
ラマンイメージング ･････････････ 86
ラマンスペクトル ･････････････････ 10
ラマンテンソル ･････････････････ 32
ラマンフィルター ････････････････ 40
ラミネートコート ･･･････････････ 171

り

量子効率 ････････････････････ 56

れ

冷却加熱ステージ ････････････ 193
レイリー散乱 ･･････････････････ 8
レーザー ････････････････････ 31

A

Abbe Limit ･･･････････････ 95
active pharmaceutical ingredient ･･･ 100
AFM ･･････････････ 155, 163, 201
Airy Disk ･･････････････････ 93
Anti-stokes scattering ･････････ 9
APD ･････････････････････ 63
API ･････････････････････ 181
Apochromat ･･･････････････ 35

B

Back Illuminated ･･････････････ 53
Baseline Correction ･･････････ 120
Bio-inspired ･･････････････ 173

C

CCD 検出器 ･･････････････････ 50
C-C 伸縮 ･･････････････････ 188
C=C 伸縮振動 ･･････････････ 185
C-D 伸縮振動 ･･････････････ 179
CH_2 はさみ振動 ･･･････････ 185
Chemometrics ････････････ 119
C-H 振動伸縮領域 ･･･････････ 12
Cleavage Steps ･･････････ 159
CO_3 格子振動 ････････････ 191
Corp 方式 ･･･････････････ 51
Cosmic Ray Removal ･････････ 120
C-O 伸縮 ･････････････ 188, 191
Czerny-Turner ･･･････････ 44

D
DAPI ········· 178
DD-CCD ········· 53, 188
Deep Depletion ········· 53
de-mixing ········· 126
Depth Scan ········· 101
Dynamic Factor ········· 122
D バンド ········· 14

E
EDS ········· 214
EMCCD ········· 53
Excess Noise Factor ········· 56

F
FIB ········· 159, 165
fingerprint region ········· 12
Front Illuminated ········· 53
FT-IR ········· 18

G
Gallium Nitride ········· 158
Gauss 関数 ········· 139
G バンド ········· 14

H
Hg ランプ ········· 60
Hot spot ········· 63
HVPE ········· 159

I
IDP ········· 167
Image-J ········· 105
Infrared Active ········· 17
InGaAs ········· 57
IUPAC ········· 11

K
k-means 法 ········· 145
k-Nearest Neighbors ········· 148
Köhler Illumination ········· 28

L
Lennard-Jones ポテンシャルエネルギー ········· 204
Li イオン電池 ········· 164
Lorentz 関数 ········· 140, 160

M
MOVPE ········· 158
Mutual Exclusion Principle ········· 17

N
Ne ランプ ········· 60
NMC ········· 165
NMF ········· 144
Noise Filtering ········· 121
Numerical Aperture ········· 35, 92

O
O-H 振動伸縮 ········· 13

P
Parfocal Distance ········· 36
Plan Apochromat ········· 35
PMT ········· 63
Polarizability ········· 17
post processing ········· 119
Pseudo-Voigt 関数 ········· 142
Python ········· 128

Q
Q-curve ········· 206

R
Radial Breathing Mode ········· 42, 157
Raman Tensor ········· 32
Rayleigh Limit ········· 95
Rayleigh scattering ········· 8
Read out noise ········· 52

S
Savitzky-Golay ········· 121, 125, 132
Schottky noise ········· 52
Selection rule ········· 17
SEM ········· 158, 214
Signal to Noise ratio ········· 38
silent region ········· 12
skeletal vibration region ········· 12
S/N ········· 38, 82
Sparrow Limit ········· 95
SPM ········· 201
STM ········· 201
Stokes scattering ········· 9

T
TEM00 モード ········· 32
TERS ········· 211
Thermal noise ········· 52

V
Vertical Binning 方式 ········· 51
Vickers Hardness Tester ········· 162
Voigt 関数 ········· 142

W
Wave number ········· 10
WDS ········· 214
Working Distance ········· 36
WS_2 結晶 ········· 155

Y
YAG 結晶 ········· 61

数字
$1/2\lambda$ 波長板 ········· 32
$1/4\lambda$ 波長板 ········· 33
3 次元ラマンイメージング ········· 104
Ⅲ族窒化物 ········· 158

■ 著者紹介 ■

中本 圭一（なかもと けいいち）
　自然科学研究機構　分子科学研究所　特任研究員
　博士（理学）
　1960 年　広島県生まれ
　1985 年　青山学院大学理工学部物理学科　卒業
　1987 年　青山学院大学大学院理工学研究科物理学専攻　修了
　1987 年　㈱東芝　システムソフトウェア技術研究所
　1990 年　日本電子㈱走査型プローブ顕微鏡の研究開発に従事
　2012 年　WITec㈱代表取締役
　2021 年より現職
　専門　表面物理、走査型プローブ顕微鏡、ラマン分光
　アメリカ物理学会永年会員

●ISBN 978-4-910558-27-1 国立情報学研究所／総合研究大学院大学 小林 泰介 著

設計技術シリーズ

詳解 強化学習の発展と応用

ロボット制御・ゲーム開発のための実践的理論

定価3,960円（本体3,600円＋税）

第1章 強化学習とは
- 1－1 強化学習の目的
- 1－2 解決すべき課題
  - 1－2－1 間接的な教示
  - 1－2－2 データの収集
  - 1－2－3 収益の予測
- 参考文献

第2章 強化学習の基本的な問題設定
- 2－1 マルコフ決定過程
- 2－2 方策関数
  - 2－2－1 離散行動空間における方策関数
  - 2－2－2 連続行動空間における方策関数
- 2－3 収益・価値関数
  - 2－3－1 収益の定義
  - 2－3－2 価値関数の導入
  - 2－3－3 方策オン型と方策オフ型
- 2－4 関数近似
  - 2－4－1 線形関数近似
  - 2－4－2 非線形関数近似
- 参考文献

第3章 基本的な学習アルゴリズム
- 3－1 価値関数の学習
  - 3－1－1 モンテカルロ法
  - 3－1－2 TD法
  - 3－1－3 アドバンテージ関数
- 3－2 価値関数の一般化
  - 3－2－1 nステップTD法
  - 3－2－2 TD(λ)法
  - 3－2－3 適正度履歴
- 3－3 方策関数の学習
  - 3－3－1 行動価値関数を用いたモデル
  - 3－3－2 方策勾配法
  - 3－3－3 Actor-Critic法
- 3－4 学習を支援する技術
  - 3－4－1 深層学習
  - 3－4－2 経験再生
  - 3－4－3 ターゲットネットワーク
  - 3－4－4 アンサンブル学習
- 参考文献

第4章 方策勾配法の発展
- 4－1 重要なテクニック
  - 4－1－1 確率分布間の乖離度
  - 4－1－2 重点サンプリング
  - 4－1－3 再パラメータ化トリック
- 4－2 方策更新の制限
  - 4－2－1 Trust Region Policy Optimization: TRPO
  - 4－2－2 Proximal Policy Optimization: PP
  - 4－2－3 Locally Lipschitz Continuous Constraint: L2C2
- 4－3 直接的な方策勾配の計算
  - 4－3－1 Deterministic Policy Gradient: DP
  - 4－3－2 Twin Delayed DDPG: TD
- 4－4 方策エントロピーの最大化
  - 4－4－1 Soft Q-learning: SQ
  - 4－4－2 Soft Actor-Critic: SA
  - 4－4－3 SACの改良例
- 参考文献

第5章 モデルベース強化学習
- 5－1 世界モデルの学習
  - 5－1－1 状態遷移確率・報酬関数の学習
  - 5－1－2 表現学習
  - 5－1－3 世界モデルの学習アルゴリズム例：PlaNet
- 5－2 世界モデルの活用
  - 5－2－1 収益の推定
  - 5－2－2 仮想的な経験の生成
  - 5－2－3 プランニング
  - 5－2－4 プランニングの改良例
- 5－3 残差強化学習
- 参考文献

第6章 報酬設計の課題と対策
- 6－1 疎な報酬
  - 6－1－1 Hindsight Experience Replay: HER
  - 6－1－2 内発的動機付け
- 6－2 多目的性
  - 6－2－1 セーフ強化学習
  - 6－2－2 多目的強化学習
  - 6－2－3 階層強化学習
- 6－3 エキスパートの模倣
  - 6－3－1 模倣による方策の初期化
  - 6－3－2 逆強化学習
- 6－4 学習難易度の調整
  - 6－4－1 カリキュラム学習
  - 6－4－2 自己競争
- 参考文献

第7章 今後の展望
- 7－1 マルチエージェント強化学習
- 7－2 確率推論としての強化学習
- 7－3 生物の意思決定モデル
- 参考文献

発行／科学情報出版（株）

●ISBN 978-4-910558-38-7

茨城大学　岩路 善尚　著

設計技術シリーズ

徹底解説！
誘導モータの制御技術
基本からセンサレスベクトル制御の実践まで

定価4,620円（本体4,200円＋税）

第1章　モータ・ドライブの基礎
1.1　回転機の特徴
(1)モータのトルク発生原理／(2)回転機の宿命「逆起電力(速度起電圧)」／(3)回転数と速度起電圧の関係
1.2　各種モータの中の誘導モータ
(1)モータの分類／(2)誘導モータは「変圧器」が回っているモータ／(3)各種モータの比較／(4)弱め界磁とは？
1.3　モータの機械出力と電力の関係
1.4　モータの機械負荷

第2章　誘導モータの数式モデル
2.1　アラゴの円盤
2.2　誘導モータの回転原理
2.3　数式モデル
(1)三相モデル／(2) $\alpha\beta$ 軸モデル／(3) dq 軸モデル
2.4　ブロック線図モデル

第3章　インバータ技術
3.1　インバータの概要
3.2　パワー半導体素子によるPWM制御
(1) PWM制御の原理／(2)三相PWM方式／(3)スイッチ動作の損失
3.3　各種PWM制御方式
(1)正弦波変調／(2) 3次調波加算方式／(3) 2相変調方式
3.4　インバータを用いる場合の制御上の課題
(1)制御処理周期と三角波キャリアの関係／(2)デッドタイムの挿入
3.5　インバータの回路構成
(1)インバータの全体構成／(2)絶縁型のゲート・ドライブ回路／(3)非絶縁型のゲート・ドライブ回路／(4)パワーモジュール

第4章　フィードバック制御
4.1　誘導モータの制御構成
4.2　制御開発のフロー
4.3　電流制御系の設計（直流モータの例）
(1)制御対象のモデル化（ブロック線図表記）／(2)等価変換／(3)制御設計／(4)ソフトウエアによる実装
4.4　速度制御系の設計（直流モータの例）

第5章　V/F一定制御
5.1　V/F一定制御の原理
5.2　シミュレーション
5.3　V/F一定制御の基本構成での実験
(1)制御の基本構成／(2)実験結果
5.4　デッドタイム補償を付加したV/F一定制御の実験
(1)デッドタイム補償の構成と原理／(2)実験結果
5.5　始動時の電流補償を付加したV/F一定制御の実験
(1) d軸電流フィードフォワードの追加／(2) d軸電流フィードフォワードの実験結果／(3) d軸電流制御の追加／(4) d軸電流制御の実験結果
5.6　乱調現象とその改善策
(1)乱調現象／(2)乱調現象の対策／(3) d軸、ならびにq軸ダンピングの構成／(4)実験結果
5.7　V/F一定制御のN-T特性

第6章　ベクトル制御
6.1　等価回路モデルからのベクトル制御の導出
6.2　数式モデルからのベクトル制御の導出
(1)トルクの線形化／(2) $\phi_{2q}=0$ の条件
6.3　ベクトル制御の構成と基本動作のシミュレーション
(1)ベクトル制御の構成／(2)フィードバック制御ゲイン／(3)シミュレーション波形
6.4　ベクトル制御の実験Ⅰ・基本特性
(1)電流制御応答／(2)速度制御応答／(3)起動時の波形／(4)負荷外乱応答波形／(5)ベクトル制御におけるN-T特性
6.5　ベクトル制御の実験Ⅱ・問題点や改善策
(1) 2次時定数の設定値／(2)電流制御の非干渉補償／(3)すべり演算器の改良

第7章　センサレスベクトル制御
7.1　センサレスベクトル制御のメリット、デメリット
(1)速度センサレス化のメリット／(2)速度センサレス化のデメリット
7.2　速度推定原理と制御構成
7.3　センサレスベクトル制御の動作試験
(1)速度制御応答、起動時の波形／(2)負荷外乱応答波形／(3) N-T特性
7.4　センサレスベクトル制御の不安定現象
7.5　ϕ_{2q} を抑制するための補償方式
7.6　E_d 制御器（ϕ_{2q} 抑制）の試験結果

第8章　その他の誘導モータの制御
8.1　q軸電流制御型の速度推定方式
8.2　簡易型センサレスベクトル制御方式
(1)簡易型センサレスベクトル制御の原理／(2)シミュレーション結果
8.3　0Hzセンサレスベクトル制御方式
(1)低速域におけるセンサレスベクトル制御の特性／(2) 0Hzセンサレスベクトル制御の構成／(3) 0Hzセンサレスベクトル制御のトルク発生原理
8.4　誘導モータの定数自動計測
(1)誘導電動機の定数測定法／(2) R, Lの算出方法／(3)誘導モータのオートチューニング機能

付録
(1)座標変換式／(2)実験装置

発行／科学情報出版（株）

設計技術シリーズ
実務で役立つ顕微ラマン分光法
測定の基本からスペクトル解析・イメージングを解説

2025年4月24日　初版発行

著　者　　中本 圭一　　　　　　　　　　　　　　©2025
発行者　　松塚 晃医
発行所　　科学情報出版株式会社
　　　　　〒300-2622　茨城県つくば市要443-14 研究学園
　　　　　電話　029-877-0022
　　　　　http://www.it-book.co.jp/

ISBN 978-4-910558-43-1　C3043
※転写・転載・電子化は厳禁
※機械学習、AIシステム関連、ソフトウェアプログラム等の開発・設計で、本書の内容を使用することは著作権、出版権、肖像権等の違法行為として民事罰や刑事罰の対象となります。